実用プロセッサ技術

［第3版］

岩出秀平／清水　徹　共著

ムイスリ出版

第3版にあたって

本書は，コンピュータ・ハードウェアを設計するスキルを身につけるとともにコンピュータに関する一般知識修得を目的に執筆したものである．第1章ではコンピュータ設計に必要な基礎知識であるコンピュータの構造と動作やメモリ・データとメモリ・アドレスの関係について，第2章ではコンピュータの命令セットに属する命令の種類，機能，命令フォーマットについて説明する．第3章では命令セットに基づいたコンピュータ・ハードウェアの構築について，具体的には各命令の機能を実現するハードウェアの設計手法，それらを統合したコンピュータ全体のハードウェアの構築，ハードウェア全体を5つのステージに分割することによるパイプラインの設計方式について解説する．第4章では記憶階層と各階層の記憶装置，記憶装置間のデータ転送方式について，第5章ではEIT（例外，割り込み，トラップ）とEITを実現するスタックや割り込みコントローラについて述べる．第6章では第3章で学んだ知識を応用して，ハードウェア記述言語（HDL）によるコンピュータ設計やデータのフォワーディング技術について詳述する．第6章をマスターすることにより，命令セットからコンピュータ・ハードウェアを設計できる技術を身につけることができる．第7章では第5章で紹介した割り込みに関する知識に基づいて，特に日本が得意な組み込みシステムの理解に役立つ事柄を中心にオペレーティングシステム（OS）の基礎を説明する．組み込みシステムは，さまざまな入出力装置や外部装置を割り込み機能を通じてコントロールするので，コンピュータ・ハードウェアが提供する機能を使った割り込み処理プログラムの実現方法，割り込みハンドラの書き方，タスクの必要性などについて説明し，最後にOSの役割や機能について具体的な例をあげて説明している．

本書の付録A～Dは，単なる付録ではなく各章の理解には不可欠な内容であり，各章を学ぶ際には必ず参照することが望ましい．付録Aではコンピュータの理解に不可欠な2進数について，多数の練習問題とともに初歩から詳しく解説した．付録Bでは論理回路である加算器，ALU，セレクタについて，付録Cでは記憶回路であるレジスタ，メモリ，レジスタ・ファイルについて説明した．これらの回路はコンピュータに必須な要素回路である．付録DはRTL回路の設計・検証方法で，設計・検証フロー，HDL記述方法，HDL記述検証方法について説明しており，第6章を学ぶ前に理解しておくことが望ましい．

なお，第3版における第2版からの変更点は以下のとおりである．

- 第2版の第6章を付録Dに移し付録Dの説明を加筆した．これにともない第7章を第6章に，第8章を第7章に変更した．
- 第2版の第7章では各回路の設計と検証の説明が別の節にあったが，第3版の第6章では各回路の設計と検証を同じ節にまとめるとともにフォワーディング技術の説明を充実させた．

本書が電子回路技術者から大学生までコンピュータ設計を学びたい方々のお役に立つことを願っている．最後に原稿執筆に多大なご援助を頂いたムイスリ出版の橋本様はじめ関係者の皆様に深謝したい．

2021年1月

岩出秀平／清水 徹

目 次

付録

第1章　序説

1.1　ノイマン型コンピュータ

コンピュータは与えられた命令を実行して仕事をする．そのためにさまざまな機能をもった命令が必要である．1つの仕事を実行するために必要な命令の集まりを**プログラム**という．プログラムはメモリに格納され，これを **CPU**（Central Processing Unit）とよばれる中央処理装置に順番に読み出して1つひとつの命令が実行される．この方式は **Stored Program 方式**とよばれ，アメリカの数学者ジョン・フォン・ノイマン氏によって 1946 年に提案された．

図 1.1 に Stored Program 方式の概念図を示す．図 1.1 の例ではアドレス 0 から順に命令が格納されており，CPU から順次アドレスが与えられ，アドレスに対応する命令が次々と読み出され CPU で実行される．メモリの詳細は付録 C.3 節を参照のこと．

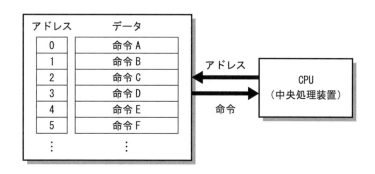

図 1.1　Stored Program方式

1.2　命令の処理速度

1.2.1　CPI

CPI は，Clock Per Instruction の略であり，1 命令実行するのに必要な**クロック数**のことである．コンピュータは，クロック信号（以下クロック）によりデータが処理される．**クロック**とは，時間的に規則正しいパルス信号であり，単位は周波数を表す Hz であるが，クロックは高周波であるので，MHz（メガヘルツ：1 秒間あたりのクロック数が 100 万個）や GHz（ギガヘルツ：1 秒間あたりのクロック数が 10 億個）という単位が使われる．

データとクロックの関係を身体に例えると，データは血液でありクロックは心臓の鼓動である．心臓の規則正しい拍動によって血液が全身に送られるのと同様に，クロックによってデータがコン

ピュータ内を移動し計算される．したがって，命令の処理速度を考えるとき，CPIすなわち1つの命令が何クロックで実行されるかが問題となる．

1.2.2 MIPS

MIPS は，Million Instructions Per Second の略であり，1秒間あたりに処理される命令数のことである．たとえば 2MIPS のコンピュータは，1秒間あたり 200 万個の命令を実行する．

ここで CPI, MIPS とクロック周波数 f（MHz）の関係を求めると，MIPS=f/CPI となる．たとえば，CPI=2（1命令あたり2クロック=1クロックあたり0.5命令）のコンピュータがクロック周波数 100（MHz）で動作するとすれば，その MIPS 値は，100 × 0.5=50 より 50MIPS となる．

1.3 ハーバード・アーキテクチャとプリンストン・アーキテクチャ

メモリには 1.1 節で述べた命令だけでなくデータも格納されている．1つのメモリに命令とデータを格納する方式を**プリンストン・アーキテクチャ**，命令とデータを別のメモリに分離する方式を**ハーバード・アーキテクチャ**とよぶ．**図 1.2** に両アーキテクチャの説明図を示す．

図 1.2（b）におけるプリンストン・アーキテクチャではメモリが1つであるので，アドレスも1つである．命令領域のアドレスを与えれば，命令が読み出されるし，データ領域のアドレスを与えれば，データが読み出される．命令読み出しとデータ読み出しが同時に起こった場合，データ読み出しが待たされる．これが処理遅延の大きな要因になる．

これに対し図 1.2（a）におけるハーバード・アーキテクチャでは命令メモリとデータ・メモリに分割されているので，命令とデータの同時アクセスが可能となる．本書では，ハーバード・アーキテクチャを仮定している．

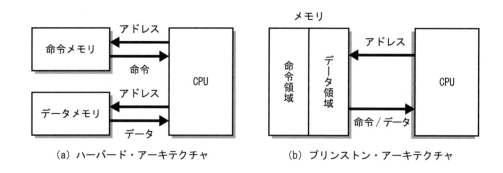

（a）ハーバード・アーキテクチャ　　　　（b）プリンストン・アーキテクチャ

図 1.2 ハーバード・アーキテクチャとプリンストン・アーキテクチャ

1.4 アドレスの単位

1.4.1 ビッグ・エンディアンとリトル・エンディアン

　一般にCPUがメモリにアクセスする場合のアドレスは，バイト単位である．これに対して32ビットCPUの場合メモリのデータ幅は32ビットで，これを**ワード**という．したがって，1ワード内に4つのバイト・アドレスが存在する．CPUがメモリにアクセスするとき，各バイトが1ワード内のどこに対応するかを決めておかなければならない．

　図1.3にCPUからメモリに与えられた4バイト・データ {data3，data2，data1，data0} のメモリ内配置を示す．図1.3（a）はバイト・アドレスの昇順に4バイト・データの最下位バイト：data0から順に格納された場合で，この方式を**リトル・エンディアン**という．図1.3（b）はバイト・アドレスの昇順に4バイト・データの最上位バイト：data3から順に格納された場合で，この方式を**ビッグ・エンディアン**という．

　付録Cの図C.12に示すようなメモリ（32ビット / 行）の行アドレスは，図1.3より各行における最小のバイト・アドレス0，4，8，…を4で除した値0，1，2，…となる．実際には除算をするのではなく，バイト・アドレスを右に2ビットシフトするか，下位2ビットを切り捨てることにより行アドレスを得ることができる．

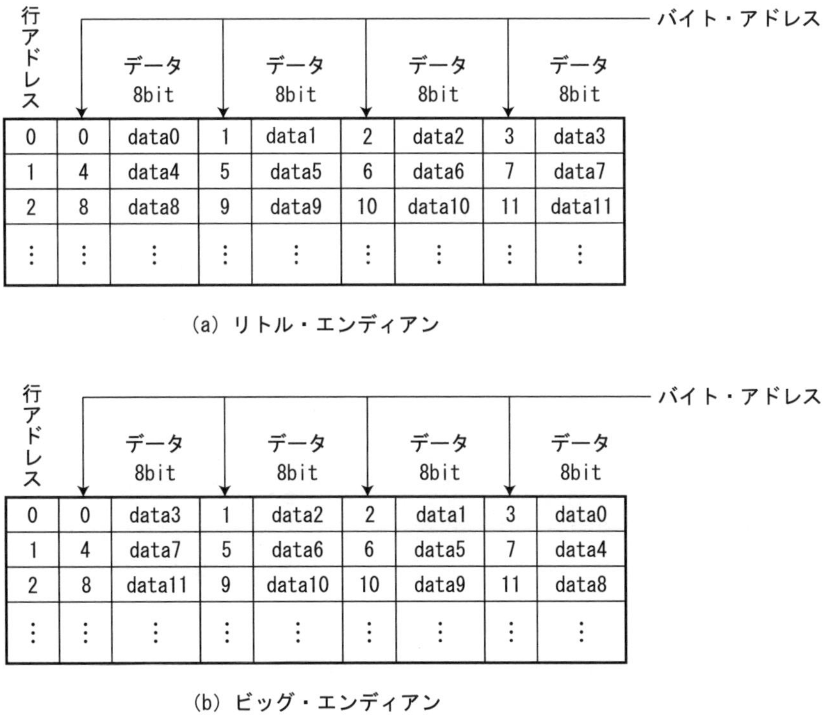

（a）リトル・エンディアン

（b）ビッグ・エンディアン

図1.3　エンディアン

1.4.2　整列化

　32 ビット CPU が扱うデータ幅は，バイト（8 ビット），ハーフ・ワード（16 ビット），ワード（32ビット）の 3 種類である．アドレスがバイト単位なので，ハーフ・ワードやワードの開始アドレスに制限がない場合，複数通りの配置方法がある．

　ワードを配置する場合，**図 1.4** に示すようにアドレス 4n からの 4 バイト（ケース 1），アドレス 4n ＋ 1 からの 4 バイト（ケース 2），アドレス 4n ＋ 2 からの 4 バイト（ケース 3），アドレス 4n ＋ 3 からの 4 バイト（ケース 4）に配置することができる．これらのうち，ケース 1 の場合にデータが**整列化**されているという．ケース 1 以外の配置だとワード・データを読み出すのにメモリを 2 回アクセスしなければならない．そこで，ワードを配置する場合の開始アドレスは 0 または 4 の倍数に規制されている．このアドレスを**ワード境界**という．

　またハーフ・ワードを配置する場合，**図 1.5** に示すようにアドレス 4n からの 2 バイト（ケース 1），アドレス 4n ＋ 2 からの 2 バイト（ケース 2），アドレス 4n ＋ 1 からの 2 バイト（ケース 3），アドレス 4n ＋ 3 からの 2 バイト（ケース 4）に配置することができる．これらのうち，ケース 1 およびケース 2 の場合にデータが整列化されているという．ハーフ・ワードでは整列化されていないケース 3 およびケース 4 の配置は禁止されており，開始アドレスは，0 または 2 の倍数に規制されている．

　これらの規制に違反した命令を実行すると，5.1 節にあるようにアドレス例外が発生し，実行が止められる．

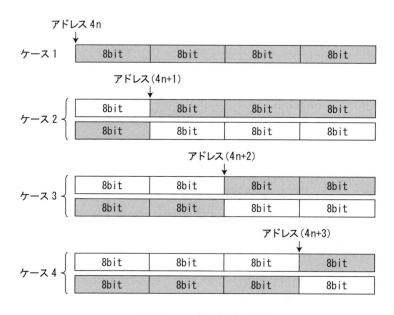

図 1. 4　ワード・データの配置

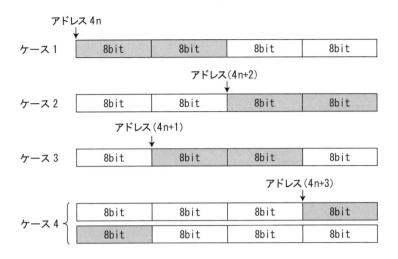

図 1.5　ハーフ・ワード・データの配置

1.5　コンピュータの構成

　コンピュータは，**図 1.6** に示すように中央処理装置（以下 CPU），主記憶装置（以下メモリ），入出力装置からなる．これらはバスとよばれるデータ線で互いに接続されている．n はバス幅で，32 ビット・データを搬送する場合のバスは 32 本である．これらの機器のうち，CPU が桁違いに高速であるので，メモリとの間の速度差を埋めるために第 4 章で紹介する記憶階層等の技術が用いられている．

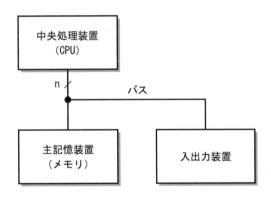

図 1.6　コンピュータの構成

演習問題1

1 図1.1に示すCPU内で加算などの演算を行う命令（演算命令）の実行時間が10[ns]，図1.2に示すようにメモリをアクセスする命令（転送命令）の実行時間が20[ns]とする.

(1) すべての命令を周期20[ns]のクロックで実行するときCPIを求めよ.

(2) 前問(1)のときMIPS値を求めよ.

(3) すべての命令を周期10[ns]のクロックで実行するとき，演算命令および転送命令実行に要するクロック数を求めよ.

(4) 1つの仕事を実行するためのプログラムにおける演算命令使用率が60%，転送命令使用率が40%であるとき，このプログラム処理におけるCPIを求めよ. ただしクロック周期は10[ns]とする.

(5) 前問(4)の場合のMIPS値を小数第2位を四捨五入して求めよ.

(6) プログラムにおける演算命令使用率が70%，転送命令使用率が30%のときのMIPS値を小数第2位を四捨五入して求めよ. クロック周期は前問(4)と同じとする.

(7) 前問(2)と(5)，(6)からMIPS値について何がいえるか.

2 32ビットのデータA9B8C7D6（16進数）をメモリのアドレス200から格納する. なおメモリ・アドレスはバイト単位とする.

(1) CPUがビッグ・エンディアンの場合，アドレス202のデータを求めよ.

(2) CPUがリトル・エンディアンの場合，データA9が格納されているアドレスを求めよ.

ビッグ・エンディアン

アドレス	データ
200	
201	
202	
203	

リトル・エンディアン

アドレス	データ
200	
201	
202	
203	

3 16進数表示のデータ, 3A, C43F, 5B2D, 79B2E0FFをリトル・エンディアンでアドレス200から順にバイト単位でアドレス付けされたメモリに格納する.

(1) 5B2Dが格納される先頭アドレスを求めよ.

(2) B2が格納されているアドレスを求めよ.

アドレス	データ
200	
201	
202	
203	
204	
205	
206	
207	
208	
209	
210	
211	

第2章　命令セット

　1つの命令の長さはコンピュータの用途によって決まる．小さいものから順に，8ビット，16ビット，32ビット，64ビットと2のべき乗になっている．パソコンやワーク・ステーションなどのように大量の文字データを処理するものでは64ビットであるが，現在は32ビットが主流である．しかし，16ビットや8ビットも用途によっては重要な製品である．

　各命令のフォーマット（2進数の機械語）は，**図2.1**に示すようにオペコードとオペランドから構成されている．**オペコード**は，命令の種類を表すものである．**オペランド**は，演算・転送対象数値や演算・転送・分岐対象数値にアクセスするための変数である．

　本書では演算・転送・分岐対象数値を**オブジェクト**とよぶことにする．演算・転送対象数値はデータ，分岐対象数値は分岐先アドレスである．コンピュータは，オペランドからオブジェクトを取り出し，オペコードに従った処理を行う．たとえばオペコードが加算であり，オペランドが示すオブジェクトが10と15であれば，オペコードの指示により 10＋15 が計算される．

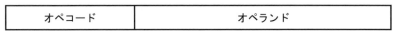

オペコード	オペランド

図2.1　命令フォーマット

命令セットにおいて考慮すべきことは以下である．

　　① 命令長
　　② 命令の種類
　　③ オペランド数
　　④ アドレッシング・モード（対象データ（オブジェクト）の参照方法）
　　⑤ 命令の役割分担
　　⑥ 命令フォーマット

　以下では命令の種類，オペランド数，アドレッシング・モードおよび命令の役割分担について説明する．命令フォーマットは，3.1.2項で詳細に述べる．

2.1　命令の種類

コンピュータにどんな命令が必要であるかを考える．
コンピュータはデータを与えられないと何もできないので，**図2.2**に示すように，データ・メモ

リからCPUにデータを取り出すための命令が必要である．一般にこの操作を**ロード**とよんでおり，この命令を**ロード命令**という．

CPUで処理されたデータはデータ・メモリに保存する必要がある．一般にこの操作を**ストア**とよんでおり，この命令を**ストア命令**という．ロード命令とストア命令をまとめて**転送命令**という．

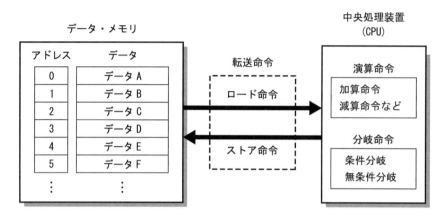

図 2.2　CPU，データ・メモリと命令との関係

ロード命令により取り出されたデータはCPUでさまざまな処理をされるが，コンピュータは「計算機」とよばれているのであるから，加算や減算などの計算ができなくてはならない．そこで加算や減算などの演算を行う命令群をまとめて**演算命令**という．

演算命令と転送命令だけでは命令は図1.1に示すように命令Aから順番に命令B，命令Cと実行されるだけで命令の実行順序を変えることはできない．命令順序を変更できないと条件判断ができないだけでなく，処理に必要な命令数が増加する場合が多い．したがって命令の実行順序を変更できる命令が必要で，この命令を**分岐命令**という．

その他の命令としてはソフトウエア割り込み命令があり，**トラップ**（TRAP）とよばれる．TRAP命令の詳細は第5章で述べる．

以上をまとめるとコンピュータの命令は**図2.3**に示すように，演算命令，転送命令，分岐命令および TRAP命令の4種類に大別される．これら命令の集合体を**命令セット**という．

命令種類	内　容
演算命令	算術・論理演算，シフト，比較
転送命令	ロード，ストア
分岐命令	条件分岐，無条件ジャンプ
TRAP命令	ソフトウエア割り込み

図 2.3　命令の分類

2.2 命令セットの例

図 2.4 に命令セットの例を示す（出典：M32R CPU 命令セット ユーザーズマニュアル）.
図 2.3 に示したように，演算命令，転送命令，分岐命令，TRAP 命令からなる.

命令種類		表記	内　容
演算命令	算術演算	ADD	ADD:加算 (+)
		SUB	SUBtruct:減算 (−)
		MUL	MULtiply:乗算 (＊)
		DIV	DIVide:除算 (/)
		CMP	CoMPare:算術比較
		SRA	Shift Right Arithmetic:算術右シフト (≫)
	論理演算	AND	AND:論理積 (&):0&0=0, 0&1=0, 1&0=0, 1&1=1
		OR	OR:論理和 (|):0|0=0, 0|1=1, 1|0=1, 1|1=1
		XOR	eXclusive OR:排他的論理和 (^): 0^0=1^1=0, 0^1=1^0=1
		SLL	Shift Left Logical:論理左シフト (≪)
		SRL	Shift Right Logical:論理右シフト (≫)
転送命令	ロード	LD	LoaD:1word（メモリ→レジスタ）
		LDB	LoaD Byte:1Byte（メモリ→レジスタ）
		LDH	LoaD Half word:LSB側の1/2word（メモリ→レジスタ）
		LDI	Load Immediate:即値（数値→レジスタ）
	ストア	ST	STore:1word（レジスタ→メモリ）
		STB	STore Byte:1Byte（レジスタ→メモリ）
		STH	STore Half word:LSB側の1/2word（レジスタ→メモリ）
分岐命令	条件分岐	BEQ	Branch on EQual:Rsrc1 ＝ Rsrc2 のとき分岐
		BNE	Branch on Not Equal:Rsrc1 ≠ Rsrc2 のとき分岐
		BEQZ	Branch on EQual Zero:Rsrc ＝ 0 のとき分岐
		BNEZ	Branch on Not Equal Zero:Rsrc ≠ 0 のとき分岐
		BGEZ	Branch on Greater than or Equal Zero:Rsrc ≧ のとき分岐
		BLEZ	Branch on Less than or Equal Zero:Rsrc ≦ のとき分岐
	無条件ジャンプ	BL	Branch and Link:戻り先アドレスをリンクレジスタに保存後分岐
		BRA	BRanch Always:戻り先アドレスを指定せずに分岐
TRAP命令	内部割込	TRAP	TRAP:ソフトウエア割込
		RTE	ReTurn from EIT:EITからの復帰
その他		NOP	No OPeration:何も実行しない

図 2.4　命令セットの例

2.3 オペランド

オペランド数も命令セットを決める．CPUにおける一般的なオペランド数は1～3個である．

オペランドには2種類あり，CPUへのデータ供給に関するオペランドを**ソース・オペランド**，命令実行後CPUからのデータを受け取るオペランドを**デスティネーション・オペランド**という．

2.3.1 オペランド数
（1）演算命令におけるオペランド数
図2.4の演算命令では，3オペランド方式または2オペランド方式が用いられる．

3オペランド方式では，3つのオペランドのうち2つがソース・オペランド，1つがデスティネーション・オペランドである．2つのソース・オペランドからデータが与えられ，演算器で命令を実行した後にデスティネーション・オペランドに格納される．

図2.5（a）に3オペランド方式を示す．図に示すように，オペランドがA, B, Cで，AとBを演算してCに格納する命令の場合，AとBはソース・オペランド，Cはデスティネーション・オペランドである．

2オペランド方式では，2つのオペランドからデータが与えられ，演算器で命令を実行した後にどちらか1つのオペランドに格納される．すなわち2つのオペランドのうち，1つがソース・オペランドとデスティネーション・オペランドを兼ねる．

図2.5（b）に2オペランド方式を示す．図に示すように，オペランドがA, Bで，AとBを演算してBに格納する命令の場合，Aはソース・オペランド，Bはソース・オペランドとデスティネーション・オペランドを兼ねている．当然のことながら，ソースとデスティネーションを兼ねているオペランドBは更新される．

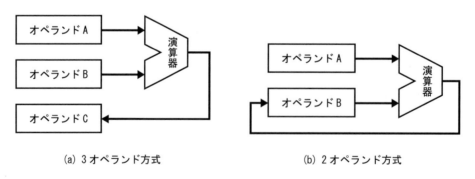

（a）3オペランド方式　　　　（b）2オペランド方式

図2.5　演算命令における3オペランド方式と2オペランド方式

（2）転送命令におけるオペランド数
図2.4の転送命令は，主として図2.2に示すようにデータ・メモリとの間でデータのやり取りをするので，オペランドからデータ・メモリに対するアドレスを生成しなければならない．

図2.6(a)に3オペランド方式を示す．オペランドAとオペランドBを加算してアドレスを求め，

メモリ中のアドレスに格納されているデータをオペランドCに転送したり（ロード），オペランドCのデータをメモリ中のアドレスに格納したりする（ストア）．図2.6（b）に2オペランド方式を示す．図2.6（b）の上図では，オペランドAからアドレスを出力し，メモリ中のアドレスに格納されているデータをオペランドBに転送したり（ロード），オペランドBのデータをメモリ中のアドレスに格納したりする（ストア）．図2.6（b）の下図は，メモリとは無関係なオペランド間のデータ転送で，オペランドAのデータをオペランドBに転送する．

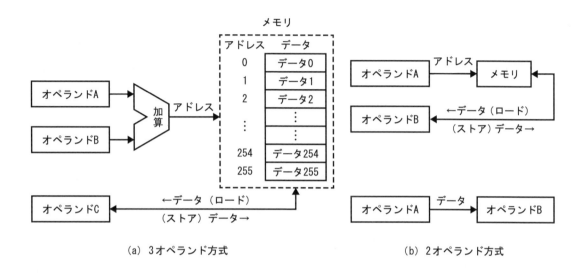

　　　（a）3オペランド方式　　　　　　　　　　　　（b）2オペランド方式

図2.6　転送命令における3オペランド方式と2オペランド方式

（3）分岐命令におけるオペランド数

　図2.4の分岐命令では，1オペランド方式，2オペランド方式または3オペランド方式が用いられ，オペランドにより命令メモリに対する分岐先アドレスが生成される．

　1オペランド方式：オペランドそのものが分岐先アドレスとなっており図2.4の無条件ジャンプに使われる．

　2オペランド方式：1つのオペランドが分岐条件，もう1つのオペランドが分岐先アドレスとなっている．図2.4のBEQZ：Branch on EQual Zero命令は，2オペランド方式の一例で，「BEQZ operandA, operandB」とすると，operandA=0のときoperandBが生成するアドレスに分岐する．

　3オペランド方式：2つのオペランドが分岐条件，もう1つのオペランドが分岐先アドレスとなっている．図2.4のBEQ：Branch on EQual命令は，3オペランド方式の一例で，「BEQ operandA, operandB, operandC」とすると，operandA=operandBのときoperandCが生成するアドレスに分岐する．

（4）トラップ命令におけるオペランド数

　図2.4のトラップ命令は，1オペランド方式である．オペランドの値によって分岐先アドレスが決まる．トラップのオペランドと分岐先アドレスの関係は図5.2に示されている．

2.3.2　オペランドの種類

オペランドの種類にはレジスタ番号，メモリ・アドレスおよび即値などがある.

（1）レジスタ番号

オペランド中のレジスタ番号は，付録 C.4 節にある図 C.14 のレジスタ・ファイル構成図に示す dest や src である. 図 C.14（b）の例では，レジスタ・ファイルが 0 番〜 7 番まで 8 本のレジスタから構成されているので，dest や src は 0 〜 7 のいずれかの数値である. 図 C.14（b）にある R0 〜 R7 は，レジスタ番号に対応するレジスタ値である. たとえば dest=5 のとき，5 番レジスタ値=Rdest=R5 となる. ここで注意すべきことは，オペランド中のレジスタ番号が CPU で使用されるのではないということである. CPU がほしいデータは，オペランドにある dest や src 等のレジスタ番号ではなく，dest 番レジスタや src 番レジスタに格納してあるデータ Rdest や Rsrc であったり，さらに Rdest や Rsrc がアドレスとなってデータ・メモリにアクセスして得られるデータであったりする. なお，本書では簡単のために Rdest や Rsrc を，レジスタ・ファイルとよばず単にレジスタとよぶことにする.

（2）メモリ・アドレス

オペランド中のメモリ・アドレスは，付録 C.3 節にある図 C.11 のメモリ機能説明図に示すアドレスである. 図 C.11 の例では，メモリがアドレス 0 〜 255 までの 256 ワードから構成されているので，メモリ・アドレスは 0 〜 255 のいずれかの数値である. オペランドに存在するメモリ・アドレスから取り出されるメモリ内のデータは，データ A 〜データ Z のいずれかである. この場合もオペランド中のメモリ・アドレスそのものが CPU で使われるのではなく，メモリ・アドレスに格納されているデータが使用されるということに注意せよ.

（3）即値

即値は，レジスタやメモリに関係する数値ではなく，即という字が示すようにそのまま CPU で使われる数値である.

2.4　アドレッシング・モード

命令コード中の「オペランド」から CPU が使用する「オブジェクト」を参照する方法を**アドレッシング・モード**という. アドレッシング・モードを詳細にみると，コンピュータによって多種多様であるが，大雑把には次の 7 つに分類できる.

① レジスタ・アドレッシング
② 即値アドレッシング
③ 直接アドレッシング
④ レジスタ間接アドレッシング
⑤ レジスタ相対間接アドレッシング
⑥ PC 相対アドレッシング
⑦ インデックス修飾アドレッシング

以下では，この7つのアドレッシング・モードのそれぞれについて一例をあげることにする．またCPUが発行するアドレスは一般にバイト単位であるが，簡単のためバイト単位のアクセスは存在しないと仮定する．したがってCPUが要求するアドレスはワード単位である．

また計算機はディジタル回路であり，信号値は0と1なので取り扱う数値は2進数であるが，説明を簡単にするためPC相対以外は10進数を用いている．

2.4.1　レジスタ・アドレッシング・モード

レジスタ・アドレッシング・モードでは，オペランドは2.3.2項（1）のレジスタ番号で，そのレジスタ番号のレジスタ値がオブジェクトとなっている．**図2.7**にレジスタ・アドレッシング・モードの例を示す．図においてレジスタ番号1は，1番レジスタを，レジスタ番号2は，2番レジスタをそれぞれ指す．

図2.7（a）は，加算命令（ADD R1 R2）を例とするレジスタ・アドレッシングである．図において2番レジスタはソース・レジスタ，1番レジスタは，ソース・レジスタとデスティネーション・レジスタを兼ねている．図2.7（b）は，レジスタ間コピー（LDR R1 R2）を例とするレジスタ・アドレッシングである．図において2番レジスタはソース・レジスタ，1番レジスタはデスティネーション・レジスタである．

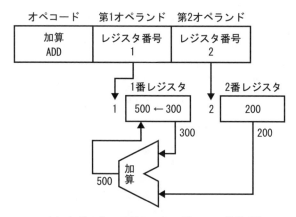

（a）レジスタ・アドレッシング・モード（加算）

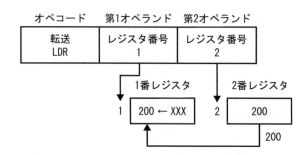

（b）レジスタ・アドレッシング・モード（レジスタ・コピー）

図2.7　レジスタ・アドレッシング・モード

図2.7（a）について説明する．オペランドのレジスタ番号から2番レジスタ値：R2と1番レジスタ値：R1をレジスタ・ファイルから読み出す．今の場合R1=300, R2=200である．これらはともにオブジェクトなので，300と200を加算器に送り，加算結果の500を1番レジスタに格納する．このとき，R1は300から500に更新される．

図2.7（b）について説明する．オペランドのレジスタ番号から2番レジスタ値：R2を読み出す．例ではR2=200である．これはオブジェクトであるので，1番レジスタに格納する．このときR1は200に更新される．

2.4.2 即値アドレッシング・モード

即値アドレッシング・モードでは，オペランド内にある数値がオブジェクトそのものである．このような数値を即値という．図2.8に加算命令（ADD R1 200）における即値アドレッシング・モードの例を示す．図2.8において，第1オペランドは2.4.1項のレジスタ・アドレッシング・モード，第2オペランドが即値アドレッシング・モードである．1番レジスタはソース・レジスタとデスティネーション・レジスタを兼ねている．

第1オペランドから1番レジスタ値：R1を読み出す．第1オペランドはレジスタ・アドレッシング・モードであるので，R1=300はオブジェクトとなる．第2オペランドから数値200を読み出す．第2オペランドは即値アドレッシング・モードであるので，取り出した200はオブジェクトとなる．加算器で300と200を加算し，加算結果の500をデスティネーション・レジスタである1番レジスタに格納する．このときR1は300から500に更新される．

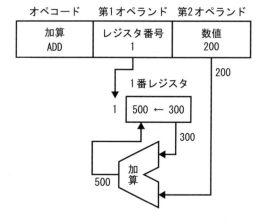

図2.8　即値アドレッシング・モードの例

2.4.3 直接アドレッシング・モード

直接アドレッシング・モードでは，オペランドは，2.3.2項（2）のメモリ・アドレスで，そのアドレスに格納されているデータがオブジェクトである．オブジェクトが存在するメモリのアドレスを実効アドレスという．図2.9に直接アドレッシング・モードの例を示す．

図2.9（a）は加算命令（ADD R1（200））における直接アドレッシング・モードの例である．図

2.9（a）において第1オペランドは2.4.1項のレジスタ・アドレッシング・モード，第2オペランドが直接アドレッシング・モードであり，データ・メモリの実効アドレスとなっている．1番レジスタは，ソース・レジスタとデスティネーション・レジスタを兼ねている．

　第1オペランドから1番レジスタ値：R1を読み出す．第1オペランドはレジスタ・アドレッシング・モードであるので，R1=300はオブジェクトとなる．第2オペランドから数値200を読み出す．第2オペランドは直接アドレッシング・モードであるので，取り出した200はオブジェクトが記憶されているデータ・メモリの実効アドレスである．したがってメモリのアドレス200から500を読み出す．加算器で300と500を加算し，加算結果の800をデスティネーション・レジスタである1番レジスタに格納する．このとき，R1は300から800に更新される．

　図2.9（b）は分岐命令（JUMP（1110））の1つである無条件ジャンプ命令における直接アドレッシング・モードの例である．オペランドの数値が命令メモリの実効アドレスの下位ビットとなっている．なおこの図に限って図中の数字はすべて2進数である．

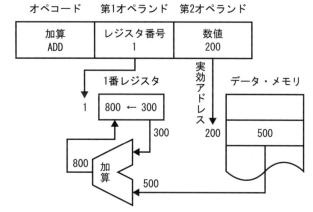

（a）演算命令における直接アドレッシング・モード

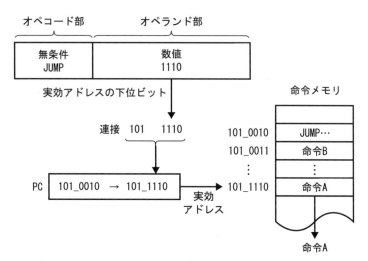

（b）無条件ジャンプ命令における擬似直接アドレッシング・モード

図2.9　直接アドレッシング・モードの例

　図において，PC とは発行されている命令（JUMP 命令）のアドレスを保持しているレジスタで，プログラム・カウンタとよばれ，図では 101_0010 を保持している．アドレス 101_0010 の JUMP 命令を実行すると，オペランドから数値 1110 を読み出す．次に PC が保持している命令メモリ・アドレス 101_0010 の上位 3 ビット：101 を取り出しオペランドの 1110 と連接し，101_1110 を生成する．これが JUMP 命令の次に実行する命令 A（オブジェクト）が入っているアドレス(実効アドレス)となる．

　この実効アドレスで PC を更新して命令メモリのアドレスに与えることにより命令 A が読み出されて実行される．結果，本来なら JUMP 命令の次にアドレス 101_0011 の命令 B が実行されるはずであったが，JUMP 命令によりアドレス 101_1110 の命令 A にジャンプし，分岐を実現することができる．

　このアドレッシングは，図 2.9（a）のようにオペランドの数値そのものがメモリのアドレスを指すのではなく，オペランドの数値と PC に保持されている数値の上位ビットを連接することにより実効アドレスを得るので，**擬似直接アドレッシング・モード**とよばれる．

2.4.4　レジスタ間接アドレッシング・モード

　レジスタ間接アドレッシング・モードでは，オペランドに存在するレジスタ番号のレジスタ値がオブジェクトを格納しているメモリの実効アドレスになっている．**図 2.10** に加算命令（ADD R1 @ R2）におけるレジスタ間接アドレッシング・モードの例を示す．

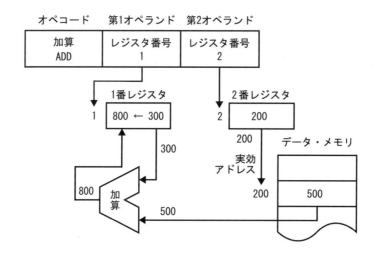

図 2.10　レジスタ間接アドレッシング・モードの例

　図 2.10 において，第 1 オペランドが 2.4.1 項のレジスタ・アドレッシング・モード，第 2 オペランドがレジスタ間接アドレッシング・モードである．1 番レジスタは，ソース・レジスタとデスティネーション・レジスタを兼ねている．

　第 1 オペランドから 1 番レジスタ値：R1 を，第 2 オペランドから 2 番レジスタ値：R2 を読み出す．第 1 オペランドはレジスタ・アドレッシング・モードなので，R1＝300 はオブジェクトと

なる．第2オペランドはレジスタ間接アドレッシング・モードであるので，R2=200はオブジェクトではなくオブジェクトが入っているデータ・メモリの実効アドレスである．そこでデータ・メモリのアドレス200からオブジェクトである500を読み出す．加算器で500と300を加算し，800をデスティネーション・レジスタである1番レジスタに格納する．このとき，R1は300から800に更新される．

図2.7のレジスタ・アドレッシング・モードでは2番レジスタ値R2がオブジェクトであったが，図2.10では2番レジスタ値R2が実効アドレスであり，2番レジスタを介してデータ・メモリからオブジェクトを読み出しているので**レジスタ間接**とよばれる．

2.4.5　レジスタ相対間接アドレッシング・モード

相対アドレッシング・モードとは，ある基準となるアドレスから相対的に離れた実効アドレスをアクセスする方式である．基準となるアドレスをベース・アドレスという．

レジスタ相対間接アドレッシング・モードでは，ベース・アドレスはオペランド中のレジスタ番号で指定されるレジスタ値であり，ベース・アドレスから実効アドレスまでの距離（実効アドレス － ベース・アドレス）は，数値としてオペランド中に指定される．この距離のことをディスプレースメントという．**図2.11**に加算命令（ADD R1 @（100，R2））におけるレジスタ相対間接アドレッシング・モードの例を示す．

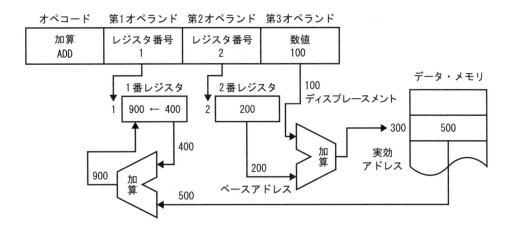

図2.11　レジスタ相対間接アドレッシング・モード

図2.11において，第1オペランドは2.4.1項のレジスタ・アドレッシング・モード，第2オペランドと第3オペランドがレジスタ相対間接アドレッシング・モードである．1番レジスタはソース・レジスタとデスティネーション・レジスタを兼ねている．

第1オペランドから1番レジスタ値：R1を読み出す．第1オペランドはレジスタ・アドレッシング・モードであるので，R1=400はオブジェクトとなる．

第2オペランドから2番レジスタ値：R2を読み出す．第2オペランドは，レジスタ相対間接アドレッシング・モードのベース・アドレスを格納しているレジスタを指定する．したがって，

R2=200 はベース・アドレスとなる.

　第3オペランドの数値 100 は，実効アドレスとベース・アドレスとの差であるディスプレースメントである.

　ベース・アドレス 200 とディスプレースメント 100 の加算結果 300 がデータ・メモリの実効アドレスであるので，アドレス 300 からオブジェクトである 500 を読み出す．400 と 500 を加算命令により加算し，加算結果の 900 をデスティネーション・レジスタ R1 に格納する．このとき，R1 の値は 400 から 900 に更新される．なお，図 2.11 中の数値 100 を 0 にすれば，レジスタ相対間接アドレッシング・モードは,2.4.4 項のレジスタ間接アドレッシング・モードと同じになる.

2.4.6　PC相対アドレッシング・モード

　PC 相対アドレッシング・モードでは，ベース・アドレスはプログラム・カウンタ(PC)の値であり，ベース・アドレスから実効アドレスまでの距離(ディスプレースメント)はオペランド中に指定され，ベース・アドレスとディスプレースメントの和が命令メモリの実効アドレスとなっている．オブジェクトは分岐先の命令である．**図 2.12** に条件分岐命令(BEQ R1 R2 100)における PC 相対アドレッシング・モードの例を示す.

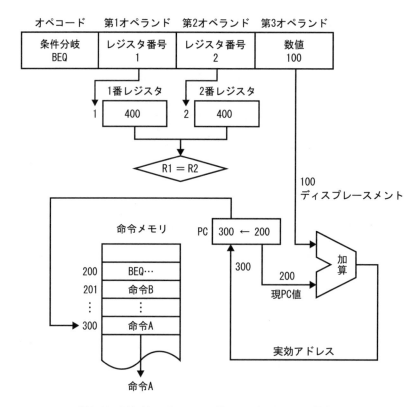

図 2.12　PC相対アドレッシング・モード（R2＝R1の場合）

　図 2.12 において，第 1 オペランドと第 2 オペランドは分岐の条件判定に使用される．第 3 オペランドは PC 相対アドレッシング・モードにおける PC 値からのディスプレースメントである．図

において，アドレス 200 の BEQ 命令を実行しており，第 3 オペランドから数値 100 を読み出す．次にベース・アドレスである PC 値 200 と 100 を加算し 300 を得る．これが，条件が満たされた場合に BEQ 命令の次に実行する命令 A（オブジェクト）が入っているアドレス（実効アドレス）である．

第 1 オペランドから 1 番レジスタ値：R1 を読み出し，第 2 オペランドから 2 番レジスタ値：R2 を読み出し比較する．図では R1=R2=400 である．

図 2.4 に示すように BEQ 命令は R1=R2 のときに分岐する命令であるので，分岐条件を満たしている．そのため PC 値は 200 から 300 に更新され，300 が命令メモリのアドレスに与えられ，アドレス 300 の命令 A が読み出されて実行される．もし R1=R2 を満たさないならば，PC 値は 300 に更新されずアドレス 201 にある命令 B が読み出されて実行される．

2.4.7 インデックス修飾アドレッシング・モード

インデックス修飾アドレッシング・モードでは，インデックス・レジスタと ベース・レジスタの和が実効アドレスになっている．**図 2.13** に加算命令におけるインデックス修飾アドレッシング・モードの例を示す．

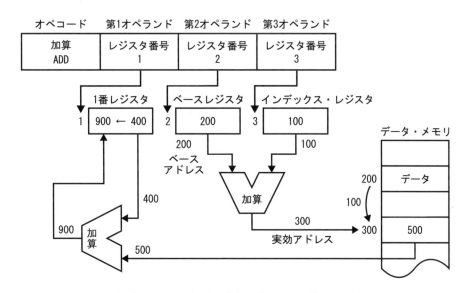

図 2.13　インデックス修飾アドレッシング・モード

図 2.13 において，第 1 オペランドは 2.4.1 項のレジスタ・アドレッシング・モード，第 2 オペランドと第 3 オペランドがインデックス修飾アドレッシング・モードである．1 番レジスタは，ソース・レジスタとデスティネーション・レジスタを兼ねている．

第 1 オペランドから 1 番レジスタ値：R1 を読み出す．第 1 オペランドはレジスタ・アドレッシング・モードであるので，R1=400 はオブジェクトとなる．

第 2 オペランドから 2 番レジスタ値：R2 を読み出す．第 2 オペランドは，インデックス修飾アドレッシング・モードのベース・アドレスを格納しているベース・レジスタを指定する．したがっ

て，R2=200 はベース・アドレスとなる．

　第3オペランドは，インデックス・レジスタの番号である．したがって R3=100 は実効アドレスとベース・アドレスとの差であるディスプレースメントである．ベース・アドレス 200 とディスプレースメント 100 の加算結果 300 はデータ・メモリの実効アドレスであるので，アドレス 300 からオブジェクトである 500 を読み出す．400 と 500 を加算命令により加算し，加算結果の 900 をデスティネーション・レジスタ R1 に格納する．このとき，R1 の値は 400 から 900 に更新される．

2.5　命令の役割分担

2.5.1　ロード/ストア・アーキテクチャ

　2.4 節では簡単のために，分岐命令以外は加算命令を例にしてすべてのアドレッシング・モードを説明した．しかしデータ・メモリはレジスタに比べると動作が遅いため，データ・メモリにアクセスできる命令を図 2.4 に掲載したロード命令やストア命令などの転送命令に制限する方式が出現した．この方式を**ロード/ストア・アーキテクチャ**という．

　図 2.2 は，ロード/ストア・アーキテクチャにおける演算命令，転送命令，分岐命令の関係図にもなっている．これにより演算命令や分岐命令は CPU 内で高速に実行される．

　図 2.14 にロード/ストア・アーキテクチャ命令とアドレッシング・モードの関係を示す．

アドレッシング・モード	データ・メモリ・アクセス	ロード/ストア・アーキテクチャ		
		演算命令	分岐命令	転送命令
即値		○		○
直接	○		○（擬似）	○
レジスタ		○		○
レジスタ間接	○			○
レジスタ相対間接	○			○
PC 相対			○	
インデックス修飾	○			○

図 2.14　ロード/ストア・アーキテクチャ命令とアドレッシング・モードの関係

　図 2.14 において，演算命令では即値アドレッシングとレジスタ・アドレッシングが使用される．分岐命令では命令メモリを対象に擬似直接アドレッシングおよび PC 相対アドレッシングが使用されるが，命令メモリのアドレスを計算しプログラム・カウンタに入力するだけで命令メモリにアクセスしないので高速である．転送命令はデータ・メモリ・アクセスのすべてをサポートする．転送命令のレジスタ・アドレッシングは，データ・メモリとレジスタ間でデータ転送するときの第1オペランド側のアドレッシング，レジスタ間でデータをコピーするときのアドレッシングである．

転送命令の即値アドレッシングは，即値をレジスタに転送する場合のアドレッシングである．転送する（される）レジスタ側のアドレッシングは，レジスタ・アドレッシングであることはいうまでもない．

2.5.2　CISCアーキテクチャ

転送命令以外の命令にもメモリへのアクセスを許可する等，命令を高機能にした方式を**CISC アーキテクチャ**という．CISC は，Complex Instruction Set Computer の略である．各命令に対してメモリ・アクセスへの規制がない．したがって CISC の命令セットはロード / ストア・アーキテクチャに比べて多種多彩である．

逆に CISC アーキテクチャの命令セットを基準にすると，ロード / ストア・アーキテクチャの命令は簡潔で縮小されているといえる．そこでロード / ストア・アーキテクチャのコンピュータを RISC（Reduced Instruction Set Computer）という．

CISC の特長は，命令の種類が多いので，1 つの処理に必要な命令数が少なくて済むことである．

図 2.15 にデータ・メモリのアドレス a とアドレス b のデータ A と B を加算し，結果をアドレス c に格納する場合における RISC と CISC の命令数比較を示す．

```
LD   R1 a  : メモリ(a)    → A → R1
LD   R2 b  : メモリ(b)    → B → R2
ADD  R1 R2 : R1+ R2 =A+B  → R1
ST   R1 c  : R1 → A+B     → メモリ(c)
         〈合計 4 命令〉
```

（a）RISC の命令数

```
ADD c a b : メモリ(a) + メモリ(b) → メモリ(c)




         〈合計 1 命令〉
```

（b）CISC の命令数

図 2.15　RISCとCISCにおける命令数比較

RISC では図 2.15（a）に示すように演算対象がレジスタに限られるので 1 個の演算命令と 3 個の転送命令が必要であるが，CISC では図 2.15（b）に示すようにメモリも演算対象なので直接アドレッシングにより 1 命令で実行できる．

したがって CISC では命令数を削減でき，命令メモリの容量を小さくできるため製品のコストを削減できるという大きなメリットがある．しかし，CISC では命令の種類が増えるだけでなく命令長も固定ではないので，命令の解読に時間がかかり，ハードウエアも複雑になる．また図 2.15（b）の場合，演算命令でデータ・メモリを 3 回アクセスするので全体として 1 命令あたりの実行時間が長くなる．まとめると，RISC は速度重視，CISC はコストや機能重視といえる．

演習問題2

1 レジスタとデータ・メモリの初期値が図EX2.1と図EX2.2にそれぞれ示されている. 下記(1) ～ (5)の順に2.3.1項(1)に示す2オペランド方式の加算命令を逐次実行したときの結果を, 設問中の指示に従って求めよ. ただし下記設問におけるアドレッシングは下記記号で定義されている.

　　　レジスタ・アドレッシング：R*
　　　即値アドレッシング：#数字
　　　直接アドレッシング：(数値)
　　　レジスタ間接アドレッシング：@R*
　　　レジスタ相対間接アドレッシング：@(R*, 数値)

　(1) ADD R2,R3　　　　　　　R2とR3の値
　(2) ADD R1,#300　　　　　　R1の値
　(3) ADD R3,(200)　　　　　　R3の値とアドレス200の値
　(4) ADD (300),(500)　　　　　アドレス300とアドレス500の値
　(5) ADD R1,@R0　　　　　　R1とR0の値
　(6) ADD R2,@(R0,700)　　　R2とR0の値

レジスタ	アドレス	データ
	0	100
	1	200
	2	300
	3	400

図EX2.1

データ・メモリ	アドレス	データ	アドレス	データ
	100	500	500	900
	200	600	600	1000
	300	700	700	1100
	400	800	800	1200

図EX2.2

2 32ビットCPUにおいて, レジスタには図EX2.3に示す内容が, データ・メモリには図EX2.4に示す内容が16進数で格納されている. 下記(1) ～ (5)の順に5つの命令を逐次実行したときデスティネーション・レジスタの値を求めよ. ただし, メモリへはリトルエンディアンで格納されており, 下記(1)～(5)の命令中の数字は10進数である.

　(1) AND R2,R3
　(2) OR R1,#201
　(3) AND R3,(200)
　(4) AND R1,@R0
　(5) OR R2,@(R0,8)

　　R*：レジスタ・アドレッシング
　　#数字：即値
　　(数値)：直接アドレッシング
　　@R*：レジスタ間接アドレッシング
　　@(R*, 数値)：レジスタ相対間接アドレッシング

レジスタ

アドレス	データ
0	000000CC
1	AC38049A
2	D6531785
3	EA06CF3D

図EX2.3

データ・メモリ

アドレス	データ	アドレス	データ	アドレス	データ	アドレス	データ
200	CE	204	CD	208	3A	212	B4
201	1F	205	F8	209	EC	213	6B
202	A2	206	7A	210	DB	214	AD
203	96	207	BC	211	EF	215	DE

図EX2.4

第3章　CPUハードウエア

　本章では2.5.1項のロード／ストア・アーキテクチャを仮定して，CPUハードウエアを設計する手法を述べる．CPUハードウエアは命令によって決まるので，まずCPUがサポートする命令を定義し，命令について理解が深まった後にハードウエア設計について解説する．ここでCPUの命令長，データ幅およびアドレス幅はすべて16ビットとする．またCPUが発行するアドレスは一般にバイト単位であるが，簡単のためバイト単位のアクセスは存在しないと仮定する．したがってCPUが要求するアドレスはワード単位である．

3.1　命令セット

3.1.1　命令の種類

　図2.3や図2.4で示したように命令を機能で分類すると，演算命令，転送命令，分岐命令，トラップ命令に分けられる．そこで2.2節の各分類から代表的な命令を抽出した簡単な命令セットを定義してCPUハードウエアを設計する．図3.1に命令セットの命令表記と命令機能を示す．

　図3.1において，ADD，SUB，AND，ORの4命令は演算命令，LD，LDI，LDR，STの4命令は転送命令，BEQ，BRAの2命令は分岐命令である．NOP命令は何もしない命令である．なおトラップ命令は割愛した．図3.1の命令数は，2.2節の商用CPUの命令数に比べると非常に少ないが，演算，転送，分岐の3要素の命令が含まれて入るため，ハードウエア設計技術を身に付けるには十分である．

命令表記	命令機能
ADD Rdest, Rsrc	Rdest←Rdest＋Rsrc
SUB Rdest, Rsrc	Rdest←Rdest－Rsrc
AND Rdest, Rsrc	Rdest←Rdest&Rsrc
OR Rdest, Rsrc	Rdest←Rdest｜Rsrc
LD Rdest, @(disp6, Rsrc)	Rdest←M [Rsrc＋(disp6)$_{16}$]
LDI Rdest, imm9	Rdest←(imm9)$_{16}$
LDR Rdest, Rsrc	Rdest←Rsrc
ST Rdest, @(disp6, Rsrc)	M [Rsrc＋(disp6)$_{16}$]←Rdest
BEQ Rsrc1, Rsrc2, pcdisp6	if(Rsrc1==Rsrc2), PC←PC＋(pcdisp6)$_{16}$
BRA pcdrct12	PC←{PC[15:12], pcdrct12}
NOP	No Operation

図3.1　命令セット

　図 3.1 の命令表記欄において，Rdest や Rsrc など R で始まるオペランドは 2.4.1 項のレジスタ・アドレッシングである．@ は間接アドレッシングを示し，disp は相対的距離であるディスプレースメントであるので，@（disp, R）は，2.4.5 項のレジスタ相対間接アドレッシングである．disp=0 の場合は，2.4.4 項のレジスタ間接アドレッシングとなる．pcdisp は 2.4.6 項の PC 相対アドレッシングを，pcdrct は 2.4.3 項の擬似直接アドレッシングを，imm は 2.4.2 項の即値アドレッシングを示す．

　前章までの説明では，R* はレジスタ番号ではなくレジスタの内容であり，たとえば 1 番レジスタの内容を R1 としていた．しかし本章以降，説明が煩雑になる場合には R1 は 1 番レジスタの表記と内容の両方に用いることがあるので注意してほしい．BRA 命令の命令機能欄に登場する PC についても同じで，プログラム・カウンタの略称とプログラム・カウンタの内容の両方に用いる．

　図 3.1 の命令機能欄において，Rdest はデスティネーション・レジスタの内容，Rsrc, Rsrc1 や Rsrc2 はソース・レジスタの内容である．disp6, pcdisp6 は 6 ビットのディスプレースメント，imm9 は 9 ビットの即値でともに符号付き整数である．pcdrct12 は 12 ビットの直接アドレスで，{PC[15：12]，pcdrct12} は，PC の上位 4 ビットと pcdrct12 を連接して 16 ビット化したものである．（disp6）$_{16}$，（pcdisp6）$_{16}$ や（imm9）$_{16}$ は，各符号付整数を 16 ビットに符号拡張したものである．符号拡張の詳細は付録 A.3.4 項参照．

　M はメモリの内容を表し，M[a] は，アドレス a にあるメモリの内容である．LD 命令における ← M[a] はメモリからの読み出し，ST 命令における M[a] ← はメモリへの書き込みを表す．M[　] の中にある Rsrc+（disp6）$_{16}$ は，データ・メモリのアドレスである．

3.1.2　命令フォーマット

　図 3.1 の命令セットから図 3.2 のビット・フォーマットを決める方法について述べる．まずオペコードのビット数を決める．図 3.1 に示すように ADD から NOP まで 11 命令あるので，これらを区別するために必要なビット数を考える．3 ビットだと，000 ～ 111 の 8 通りなので 8 命令しか表せない．4 ビットならば，0000 ～ 1111 の 16 通りなので 16 命令までを表すことができる．5 ビット以上でも良いがビット数が無駄になるので，オペコードのビット数を 4 ビットとし，ビット 15 からビット 12 までを割り当てることにする．

　次に，オペランドの 1 つであるレジスタ領域（2.3.2 項（1）の dest や src）のビット数を決める．図 3.1 の命令セットに必要なレジスタ・オペランドは，Rdest, Rsrc である．各レジスタに 2 ビットを割り当てると，00 ～ 11 の 4 個のレジスタ（R0 ～ R3）が利用でき，レジスタ領域は 2 個：4 ビットで済むが，4 個では足りないためレジスタの内容を一時的にメモリに退避させる必要がある．他方各レジスタに 4 ビットを割り当てると 0000 ～ 1111 の 16 個のレジスタ（R0 ～ R15）が利用できるがレジスタ領域は 2 個で 8 ビットとなる．

　そこで各レジスタに 3 ビット（2 個で 6 ビット）を割り当てることにする．オペコードとレジスタのビット数（dest や src）が決まると，命令長は 16 ビットなので残りの数値オペランドは自動的に決定される．LD 命令や ST 命令の disp6 や BEQ 命令の pcdisp6 は 6 ビット，LDI 命令の imm9 は 9 ビット，BRA 命令の pcdrct12 は 12 ビットとなる．

　図 3.2 に命令フォーマットを示す．図において，A 形式のビット［11：9］の dest は読み出しおよび書き込みレジスタ番号，ビット［8：6］の src は読み出しレジスタ番号である．ビット［5：0］は使用しないのですべて 0 とした．

A 形式

命令表記	15	14	13	12	11	10	9	8	7	6	5	4	3	2	1	0
	オペコード				dest			src			0					
ADD	0	0	0	1							0	0	0	0	0	0
SUB	0	0	1	0							0	0	0	0	0	0
AND	0	0	1	1							0	0	0	0	0	0
OR	0	1	0	0							0	0	0	0	0	0
LDR	0	1	0	1							0	0	0	0	0	0

B 形式

命令表記	15	14	13	12	11	10	9	8	7	6	5	4	3	2	1	0
	オペコード				dest			src			disp6					
LD	1	0	0	0												
ST	1	0	0	1												
命令表記	オペコード				src1			src2			pcdisp6					
BEQ	1	0	1	0												

C 形式

命令表記	15	14	13	12	11	10	9	8	7	6	5	4	3	2	1	0
	オペコード				Rdest			imm9								
LDI	0	1	1	1												

D 形式

命令表記	15	14	13	12	11	10	9	8	7	6	5	4	3	2	1	0
	オペコード				pcdrct12											
BRA	1	1	0	0												

その他

命令表記	15	14	13	12	11	10	9	8	7	6	5	4	3	2	1	0
NOP	0	0	0	0	0	0	0	0	0	0	0	0	0	0	0	0

図 3.2　命令フォーマット

　B 形式の disp6 と pcdisp6 はともに 6 ビットの符号付 2 進数であり，最大値=011111（10 進数：31），最小値=100000（10 進数：−32）である．Rsrc+disp6 はデータ・メモリのアドレスでデータ転送に，PC+pcdisp6 は命令メモリのアドレスで分岐に使われる．C 形式の imm9 は 9 ビットの符号付 2 進数であり，最大値= 01111111（10 進数：255），最小値=100000000（10 進数：−256）である．D 形式の pcdrct12 は 2.4.3 項の図 2.9（b）に示す疑似直接アドレッシングに使用される 12 ビットの正数のアドレスであり，PC の高位 4 ビットと連接され分岐先アドレスとなる．

NOP は何もしない命令であるので，すべて 0 である．

3.1.3　命令によるプログラミング

　所望のデータ処理を行うために複数の命令を順に実行するが，順に並べられた命令を**プログラム**という．本項では図 3.1 の命令を用いて簡単なプログラムを経験してみる．データ・メモリのアドレス 20 に 150 が，アドレス 21 に 250 がそれぞれ格納されているとき，150 と 250 を加算して，加算結果の 400 をデータ・メモリのアドレス 22 に格納するプログラムは**図 3.3** になる．

アドレス	ニーモニック アセンブリ言語	機械語命令															
		15	14	13	12	11	10	9	8	7	6	5	4	3	2	1	0
0	LDI R2, 20	0	1	1	1	0	1	0	0	0	0	0	1	0	1	0	0
1	LD R3, @(0, R2)	1	0	0	0	0	1	1	0	1	0	0	0	0	0	0	0
2	LD R4, @(1, R2)	1	0	0	0	1	0	0	0	1	0	0	0	0	0	0	1
3	ADD R3, R4	0	0	0	1	0	1	1	1	0	0	0	0	0	0	0	0
4	ST R3, @(2, R2)	1	0	0	1	0	1	1	0	1	0	0	0	0	0	1	0

図 3.3　命令メモリ内のプログラム

　図 3.3 に示すように，プログラムは命令メモリのアドレス 0 〜 4 に 0 と 1 の機械語で格納されている．機械語命令をわかりやすくした表現を**ニーモニック**という．ニーモニックは**アセンブリ言語**とよばれる．アセンブリ言語は文字であるので命令メモリには格納されていない．アセンブリ言語で書かれたプログラムは，アセンブラという変換プログラムにより機械語に変換されて命令メモリに格納され，CPU で実行される．

　図 3.3 の処理内容を説明する．まずアドレス 0 の LDI 命令を実行すると，R2=20 になる．アドレス 1 の LD 命令は，データ・メモリの R2+0=20+0 よりアドレス 20 のデータが R3 にロードされるので，アドレス 20 のデータ，150 が R3 になる．アドレス 2 の LD 命令は，データ・メモリの R2+1=20+1 よりアドレス 21 のデータが R4 にロードされるので，アドレス 21 のデータ，250 が R4 になる．アドレス 3 の ADD 命令により，R3 と R4 の和，400 が R3 になる．アドレス 4 の ST 命令は，データ・メモリの R2+2=20+2 よりアドレス 22 に R3 を保存するので，アドレス 22 に 400 が保存される．

　以上からわかるように，命令は命令メモリの（図 3.3 の例では）アドレス 0 から順に取り出されて実行される．このように分岐がなければ，アドレスの昇順に命令が取り出される．

3.2 命令別ハードウエア

3.2.1 命令フェッチ回路

　各命令を実行するハードウエアを考える前に，命令メモリから命令を取り出すハードウエアが必要である．命令を取り出すことを**命令フェッチ**という．命令フェッチを行うには命令メモリにアドレスを与えればよい．命令は図 3.3 に示すようにアドレスの昇順に命令が格納されているので，命令メモリ以外にアドレスを 1 ずつ増加させる回路が必要である．

　現在のアドレス（現アドレス）を 1 増加させるには，**図 3.4** の上図に示すように 2 入力加算器の一方に現アドレスを与え，他方に 1 を固定して与えることにより実現することができる．そして，現アドレス+1（次アドレス）を命令メモリに与えることにより順次命令を取り出すことができる．

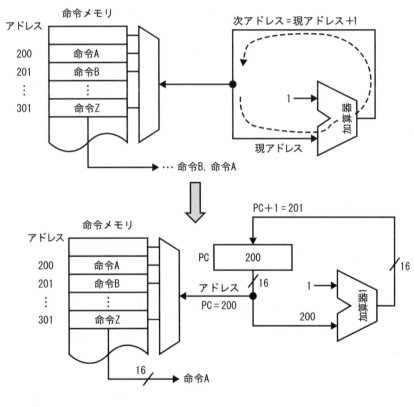

図 3.4　命令フェッチ回路

　しかし次々とアドレスを生成するために，次アドレスを現アドレスとして加算器に入力してループさせるので，アドレス計算が暴走して止まらなくなる（図 3.4 上図破線）．そこで加算器出力をいったん止めるため，図 3.4 下図に示すように加算器ループ中にレジスタ（付録 C.2 節参照）を挿入し，次アドレスをレジスタで止めて，クロックが入るときのみ次アドレスを出力するようにする．この回路を**命令フェッチ回路**という．また挿入したレジスタを**プログラム・カウンタ（PC）**とよぶ．

　図の例では PC にアドレス 200 が格納されていた場合，すなわち PC=200 の場合，200 が命令

メモリのアドレスに送られ，命令Aが取り出される．同時に200は加算器1で1だけ加算され次の命令のアドレスである201が計算されPCの入力側で待機させられる．1加算される理由はアドレスの単位がバイトではなくワードだからである．PCにクロックが入ると201がPCに書き込まれ出力される．命令メモリのアドレスに201が与えられ命令Bが取り出されると同時に次のアドレスである202が加算器1で計算される．以降クロックが入る度にアドレスが1ずつ増加し，アドレス順に命令が取り出される．

　この結果，命令フェッチ回路に必要なハードウエアは，命令メモリ，プログラム・カウンタおよび加算器であることがわかる．なお第3章の最初に述べたようにアドレス幅および命令長はすべて16ビットである．

3.2.2　演算命令ハードウエア

　ADD，SUB，AND，ORの各演算命令のニーモニックは，「演算 Rdest, Rsrc」であり，Rdest と Rsrc を演算し，その結果で Rdest を更新する．3.1.1項で述べたように4つの演算命令はレジスタ・アドレッシング・モードである．したがってハードウエアの基本は，図2.7（a）のようになる．

　図3.1の命令を実現するため，図2.7（a）の加算器を，ADD，SUB，AND，ORの4種類の演算を実行できる演算器 ALU に変更しなければならない．ALU の詳細については付録B.3節を参照のこと．これら4つの演算から1つを選択する制御信号を alu とする．4種類の演算を指定するため alu のビット数は2ビットである．alu と演算の対応は，ADD：alu=00，SUB：alu=01，AND：alu=10，OR：alu=11とする．

　図2.7（a）の加算器を ALU に変更し，命令解読器を追加したハードウエアを**図 3.5** に示す．命令解読器からの制御信号線は破線とする．図において，オペコードからの4ビット，レジスタ番号 dest からの3ビット，レジスタ番号 src からの3ビットは，図3.2のA形式フォーマットからそれぞれ供給される．なお第3章の最初に述べたように，データはすべて16ビットである．

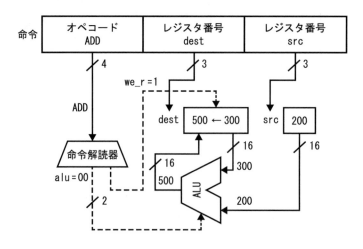

図 3.5　ADD命令の動作とハードウエア

次に動作を説明する．オペコードを命令解読器に入力する．図では ADD 命令であるので，alu=00 により ALU に対して加算を指示する．また Rdest を更新するので，Rdest に対して書き込み許可を与える．レジスタへの書き込み許可信号を we_r とし，we_r=1 のとき書き込み許可，we_r=0 のとき書き込み禁止とする．オペランドでは，dest 番レジスタから Rdest=300，src 番レジスタから Rsrc=200 を読み出し，ALU で加算した後 500 を dest 番レジスタに書き込む．Rdest は 300 から 500 に更新される．この結果，オペコード処理には命令解読器，オペランド処理には 2 本のレジスタと ALU が必要であることがわかる．

3.2.3　転送命令ハードウエア

（1）LD命令ハードウエア

LD 命令のニーモニックは，「LD Rdest, @（disp6，Rsrc）」であり，disp6 を 16 ビットに符号拡張して Rsrc と加算しデータ・メモリのアドレスを求め，データ・メモリからデータを取り出し，そのデータで Rdest を更新する．3.1.1 項で述べたように，LD 命令の Rdest はレジスタ・アドレッシング，@（disp6，Rsrc）はレジスタ相対間接アドレッシングであるので，LD 命令を実現するハードウエアは図 2.11 を変更したものになる．

図 2.11 ではデータ・メモリからのデータが Rdest と加算されたが，LD 命令ではデータ・メモリからのデータを Rdest に書き込むだけなので，Rdest 側の加算器は不要となる．また，アドレスの加算には加算器が使われていたが，前項の演算命令で用いた ALU に変更する．さらに disp6 を 16 ビットに符号拡張するための符号拡張器を追加する．これらの変更を加えた LD 命令を実現するハードウエアを**図 3.6** に示す．

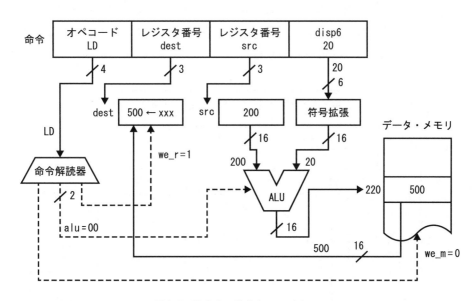

図 3.6　LD命令の動作とハードウエア

図 3.6 において，オペコードからの 4 ビット，dest や src からの 3 ビット，disp6 からの 6 ビットは図 3.2 の B 形式フォーマットからそれぞれ供給される．アドレスおよびデータは 16 ビットで

ある.

　次に動作を説明する. オペコードを命令解読器に入力する. LD 命令ではアドレスを加算するので, alu = 00 により ALU に対して加算を指示する. またデータ・メモリのデータを dest 番レジスタに書き込むので, レジスタに対して we_r = 1 として書き込み許可を与える. データ・メモリには書き込まないので, 書き込み禁止を指示する. データ・メモリへの書き込み許可信号を we_m とし, we_m = 1 のとき書き込み許可, we_m = 0 のとき書き込み禁止とする.

　オペランドでは, src 番レジスタから Rsrc = 200 を読み出し, disp6 からの 20 を 16 ビットに符号拡張し, これらを加算し, データ・メモリのアドレスに与え, データ・メモリから 500 を読み出し, dest 番レジスタに書き込み, Rdest = 500 となる. この結果, オペコード処理には命令解読器, オペランド処理には 2 本のレジスタ, 符号拡張器, データ・メモリおよび ALU が必要であることがわかる.

(2) ST命令ハードウエア

　ST 命令のニーモニックは, 「ST Rdest, @(disp6, Rsrc)」であり, disp6 を 16 ビットに符号拡張して Rsrc と加算しデータ・メモリのアドレスを求め, データ・メモリに与えて Rdest をデータ・メモリに書き込む. ST 命令を実現する回路と図 3.6 の LD 命令を実現する回路の違いは, Rdest とデータ・メモリ間のデータ転送の向きが逆になるだけである. ST 命令を実現する回路を**図 3.7** に示す.

　図 3.7 において, オペコードからの 4 ビット, dest や src からの 3 ビット, disp6 からの 6 ビットは, 図 3.2 の B 形式フォーマットからそれぞれ供給される. アドレスおよびデータは 16 ビットである. 次に動作を説明する. オペコードを命令解読器に入力する. ST 命令ではアドレスを加算するので, alu=00 により ALU に対して加算を指示する. また Rdest をデータ・メモリに書き込むので, データ・メモリに対して we_m=1 として書き込み許可を与える. レジスタには書き込まないので we_r=0 として書き込み禁止を指示する.

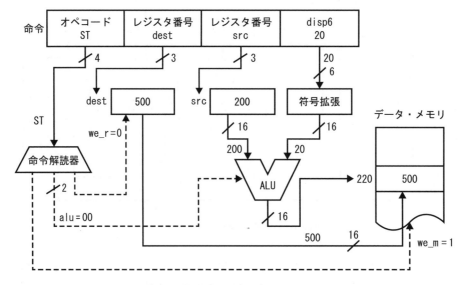

図 3.7　ST命令の動作とハードウエア

オペランドでは，アドレス src から Rsrc=200 を読み出し，disp6 からの 20 を 16 ビットに符号拡張し，これらを加算し，データ・メモリのアドレスに与え，Rdest=500 をデータ・メモリのアドレス 220 に書き込む．この結果，オペコード処理には命令解読器，オペランド処理には 2 本のレジスタ，符号拡張器，データ・メモリおよび ALU が必要であることがわかる．

（3）LDI命令ハードウエア

LDI 命令のニーモニックは，「LDI Rdest, imm9」であり，imm9 を 16 ビットに符号拡張して Rdest を更新する．3.1.1 項で述べたように，LDI 命令の Rdest はレジスタ・アドレッシング，imm9 は即値アドレッシングであるので，LDI 命令を実現するハードウエアは図 2.8 を変更したものになる．図 2.8 では即値をそのまま加算器に入力するが，imm9 を Rdest に書き込むだけなので加算器は不要である．また Rdest と imm9 のビット数が異なるので，imm9 を 16 ビットにビット拡張する符号拡張器が必要となる．**図 3.8** に LDI 命令の動作を実現するハードウエアを示す．

図 3.8 において，オペコードからの 4 ビット，dest からの 3 ビット，imm9 からの 9 ビットは，図 3.2 の C 形式フォーマットからそれぞれ供給される．データは 16 ビットである．

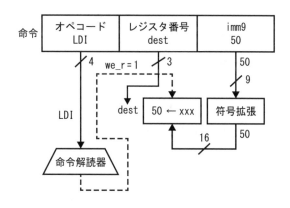

図 3.8　LDI命令の動作

次に動作を説明する．オペコードを命令解読器に入力する．LDI 命令では dest 番レジスタに書き込むので，レジスタに対して we_r=1 として書き込み許可を与える．オペランドでは，imm9 からの 50 を 16 ビットに符号拡張し，そのまま dest 番レジスタに書き込むので Rdest=50 となる．この結果，オペコード処理には命令解読器，オペランド処理には 1 本のレジスタと符号拡張器が必要であることがわかる．

（4）LDR命令ハードウエア

LDR 命令のニーモニックは，「LDR Rdest, Rsrc」であり，Rsrc を Rdest にコピーして Rdest を更新する．3.1.1 項で述べたように，LDR 命令はレジスタ・アドレッシングであるので，LDR 命令を実現するハードウエアは図 2.7（b）に変更を加えたものになる．**図 3.9** に LDR 命令の動作を実現するハードウエアを示す．図 3.9 において，オペコードからの 4 ビット，dest や src からの 3 ビットは，図 3.2 の A 形式フォーマットからそれぞれ供給される．データはすべて 16 ビットである．

次に動作を説明する．オペコードを命令解読器に入力する．LDR 命令では dest 番レジスタに書

き込むので，レジスタに対して we_r=1 として書き込み許可を与える．オペランドでは，src 番レジスタから 200 を読み出し，そのまま dest 番レジスタに書き込むので Rdest=200 となる．この結果，オペコード処理には命令解読器，オペランド処理には 2 本のレジスタが必要であることがわかる．

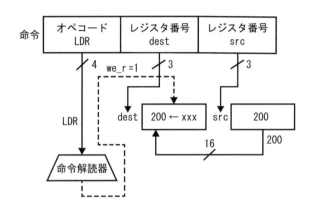

図 3.9　LDR命令の動作

3.2.4　分岐命令ハードウエア

（1）BEQ命令ハードウエア

　BEQ 命令のニーモニックは，「BEQ Rsrc1, Rsrc2, pcdisp6」であり，Rsrc1 と Rsrc2 が一致するときに pcdisp6 を 16 ビットに符号拡張し PC と加算して PC を更新する．すなわち，アドレス $PC+(pcdisp6)_{16}$ に分岐する．BEQ 命令で Rsrc1 と Rsrc2 が等しくない場合は，図 3.4 に示すように通常どおり PC+1 で PC を更新する．3.1.1 項で述べたように，BEQ 命令の Rsrc1 と Rsrc2 はレジスタ・アドレッシング，pcdisp6 は PC 相対アドレッシングであるので，BEQ 命令を実現するハードウエアは，図 2.12 を具体化したものになる．

　図 2.12 では数値 100 がそのまま現 PC 値と加算されているが，pcdisp6 と PC のビット数が異なるので，pcdisp6 を 16 ビットに符号拡張する符号拡張器が必要である．また，分岐先アドレス $PC+(pcdisp6)_{16}$ か，通常の次アドレス PC+1 かを選択するセレクタが必要である（セレクタの詳細は付録B.1節を参照のこと）．ともに 16 ビットである Rsrc1 と Rsrc2 の一致を検出するためには，各ビット間の排他的論理和（EXOR）を求めればよい．EXOR 演算は図 2.4 の XOR にあるように，各ビット間の値が異なれば 1，同じであれば 0 となる．したがって Rsrc1 と Rsrc2 が一致していれば，EXOR 演算は，EXOR[i] = Rsrc1[i] ^Rsrc2[i] = 0（ただし i = 0 ～15）となる．したがって 16 本の EXOR[i]（I = 0 ～15）の NOR を求めれば，一致しているときのみ NOR 出力 nor = 1 となる．

　この nor を利用して分岐しない場合の PC+1 か，分岐する場合の $PC+(pcdisp6)_{16}$ かを選択して PC を更新すればよい．しかし問題がある．nor だけで選択した場合,図 3.2 の命令フォーマットで，BEQ 以外の命令においてビット 11 ～ 9 が指すレジスタ値とビット 8 ～ 6 が指すレジスタ値が一致していた場合，nor が 1 になって pcdisp6 に相当するビット 5 ～ 0 を 16 ビットに符号拡張して

PC に加算した（意味のない）アドレスに分岐してしまう．

　たとえば LDI R4, 216 の機械語は，0111_100_011011000 である．この語のビット 11 ～ 9 は 100，ビット 8 ～ 6 は 011 であるので，R4 と R3 がそれぞれ Rsrc1 と Rsrc2 とみなされて，万が一 R4 と R3 が同じ値であれば，nor が 1 となって，ビット 5 ～ 0 である 011000 を符号拡張した値（10 進数で 24）を PC に加算したアドレスで PC を更新してしまう．つまり LDI 命令の次にアドレス 24 離れた命令が実行されてしまう．こういう問題が生じさせないためには，BEQ 命令のときだけ nor が有効になるようにすればよい．このため BEQ 命令のオペコードが命令解読器に入力されたときに 1 となる信号を出すことにする．この信号名を beq とし，NOR 出力 nor と論理積をとった信号を and として and で PC+1 か，PC+(pcdisp6)$_{16}$ を選択するようにすれば，BEQ 以外の命令でビット 11 ～ 9 が指すレジスタ値とビット 8 ～ 6 が指すレジスタ値が一致しても分岐することはない．

　図 2.12 に符号拡張器，セレクタやレジスタ一致検出機能を追加した BEQ 命令を実現するハードウエアを**図 3.10** に示す．この図には図 3.4 の命令フェッチ回路が含まれている．図 3.10 において，オペランドからの 4 ビット，src1 や src2 からの 3 ビット，pcdisp6 からの 6 ビットは，図 3.2 の B 形式フォーマットからそれぞれ供給される．アドレスおよびデータはすべて 16 ビットである．

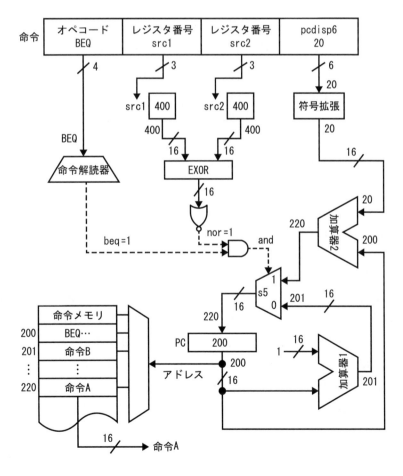

図 3.10　BEQ命令の動作（Rsrc1＝Rsrc2の場合）

次に動作を説明する．オペコードを命令解読器に入力する．命令解読器からはBEQ命令のとき に1となる制御信号beqを出力する．オペランドでは，pcdisp6である20を読み出し，16ビッ トに符号拡張してPCの内容200と加算し，結果の220をセレクタs5の1入力に与える．s5の 0入力にはhyPCの内容に1を加えた201を与える．s5の制御信号andが0のときには0入力を， 1のときには1入力を選択して出力する．

他方src1番レジスタからRsrc1=400を読み出し，src2番レジスタからRsrc2=400を読み出す． Rsrc1とRsrc2の一致を検出するために上記で解説したEXOR回路とNOR回路を通す．NORの出 力信号をnorとすると，beqとnorとの論理積（AND）を取ったandをs5の制御信号線に与える． beq=1，nor=1であるとき，BEQ命令でかつRsrc1=Rsrc2が実現されているので，ANDの出力 andは1となりs5の1入力が選択され，PC+pcdisp6である220がPCの入力側で待機する．ク ロックが入るとPCを220に更新し，アドレス200のBEQ命令の次はアドレス220の命令Aを 実行する．

この結果，オペコード処理には命令解読器，オペランド処理には2本のレジスタ，符号拡張器， 加算器，EXOR回路，NOR回路，AND回路およびセレクタが必要であることがわかる（PCと加算 器1は，3.2.1項の命令を取り出すハードウエアに属する）．

（2）BRA命令ハードウエア

BRA命令のニーモニックは，「BRA pcdrct12」であり，PC[15：12]とpcdrct12を連接したア ドレス{PC[15：12]，pcdrct12}に分岐する．BRA命令でない場合は，図3.4に示すように通常 どおりPC+1でPCを更新する．3.1.1項で述べたように，BRA命令は擬似直接アドレッシングで あるので，BRA命令を実現する回路は，図2.9（b）を具体化したものになる．

図2.9（b）においてPCの上位ビットと数値オペランドを連接しているので，PC[15：12]と pcdrct12を連接する機構が必要である．また，連接した分岐先アドレスと通常の次アドレスを選 択するセレクタと制御信号が必要になる．制御信号をbraとし，BRA命令のとき1，BRA命令以 外のとき0になるように設計する．

図3.11にBRA命令の動作を実現するハードウエアを示す．この図には図3.4の命令フェッチ回 路が含まれている．図3.11において，オペランドからの4ビットとpcdrct12からの12ビットは 図3.2のD形式からそれぞれ供給される．アドレスおよび命令は16ビットである．

次に動作を説明する．オペコードを命令解読器に入力する．命令解読器からはBRA命令のとき に1となる制御信号braを出力する．オペランドでは，pcdrct12である200（2進数： 0000_1100_1000=16進数0C8）を読み出し，PC[15：0]=2進数：1010_1001_1011_1110=16 進数：A9BE中のPC[15：12]=2進数：1010=16進数：Aと連接する．A0C8となった分岐アド レスをs5の1入力に与える．s5の0入力にはPC+1であるA9BFを与える．bra=1のときs5の 1入力が選択され，A0C8がPCの入力側で待機する．クロックが入るとPCがA0C8に更新され， アドレスA9BEにあるBRA命令の次にアドレスA0C8の命令Aを取り出し実行する．

この結果，オペコード処理には命令解読器，オペランド処理にはセレクタおよび連接処理機構が 必要である（PCおよび加算器1は，3.2.1項の命令を取り出すハードウエアに属する）．

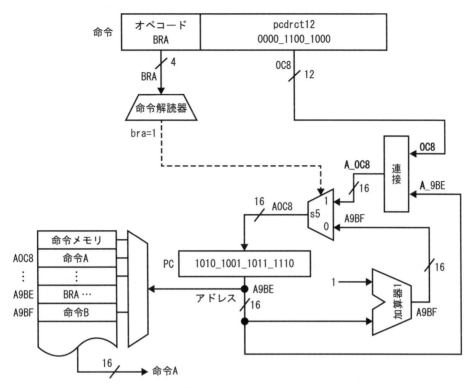

図 3.11 BRA命令の動作

3.3 命令別ハードウエアの統合

　本節では，3.2 節のハードウエアの中から回路構造が似ているもの同士から統合し，CPU 全体回路を構築する．3.2 節でみたように，図 3.2 に示す命令形式と 3.1.1 項で述べたアドレッシングと図 3.1 の命令機能が，ハードウエアと密接に関係する．

　図 3.2 において，A 形式のアドレッシングはすべてレジスタ・アドレッシングなので，互いに統合しやすい．B 形式のアドレッシングでは LD 命令と ST 命令のアドレッシングが同じなので統合は容易である．C 形式の LDI 命令は，A 形式の LDR 命令とは命令形式もアドレッシングも異なるが，ともにソースオペランドによるオブジェクトを Rdest に格納するという機能をもつので，LDR 命令と統合しやすい．したがって，C 形式の LDI 命令は A 形式の命令と統合する．B 形式の BEQ 命令と D 形式の BRA 命令は，命令形式もアドレッシングも異なるが，PC を更新するという機能は共通なので，多少回路は複雑になるが統合が可能である．以下では上述の手順に従ってハードウエアの統合を図る．

3.3.1　演算命令，LDR命令とLDI命令の統合ハードウエア

　演算命令，LDR 命令および LDI 命令を実現する回路を図 3.5，図 3.8 および図 3.9 に基づいて設計する．これら命令の共通点は，結果を Rdest に書き込むことである．異なる点は Rdest の求め方

で，演算命令はレジスタ・アドレッシングで読み出した Rdest と Rsrc を ALU で演算して求め，LDI 命令は即値アドレッシングで読み出した imm9 を 16 ビットに符号拡張して求める．LDR 命令はレジスタ・アドレッシングで読み出した Rsrc で Rdest を更新する．

　異なる部分については互いに独立であるので，それぞれの回路を並列に並べればよい．しかし Rdest の求め方が違うので，ALU 出力と Rsrc 出力と符号拡張器出力の 3 つから 1 つを選択しなければならない．選択にはセレクタを 2 個（s1 と s2）用いる．ここでは Rsrc 出力と符号拡張器出力を s1 で選択し，その s1 出力と ALU 出力を s2 で選択することにする．s1 の選択制御信号線には LDI 命令のときに 1 となる ldi という信号を与え，s2 の選択制御信号線には LDR 命令または LDI 命令のときに 1 となる ldir という信号を与えることにする．

　図 3.12 に演算命令，LDR 命令と LDI 命令を実現する回路を示す．図 3.12 において，Rdest に書き込むデータの選択には s1 と s2 を用いており，それぞれ ldi と ldir で制御する．alu は，3.2.2 項で述べたように演算種類を指定する制御信号で 2 ビット（00, 01, 10, 11）である．we_r も 3.2.2 項で述べたようにレジスタ書き込み許可信号で，we_r=1 でレジスタへの書き込みを許可する．これらの制御信号は命令解読器から出力される．

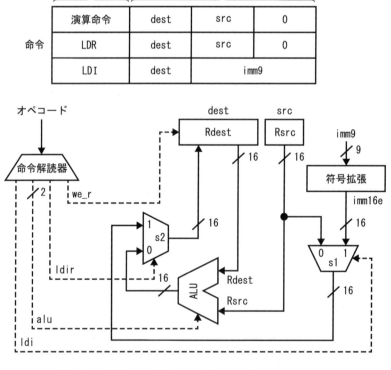

	オペコード	オペランド	
演算命令	dest	src	0
LDR	dest	src	0
LDI	dest	imm9	

図 3.12　演算命令，LDRおよびLDI命令の統合ハードウエア

　LDI 命令の場合，ldi=1, ldir=1, we_r=1 とする．imm9 を 16 ビットに符号拡張した imm16e を s1 の 1 入力に与える．ldi=1 より s1 で imm16e を選択し s2 の 1 入力に送る．ldir=1 より s2

で imm16e を選択し，we_r=1 より imm16e を Rdest に書き込む．LDR 命令の場合，ldi=0，ldir=1，we_r=1 とする．s1 では ldi=0 より Rsrc を選択し s2 の 1 入力に送る．ldir=1 より s2 で Rsrc を選択し，we_r=1 より Rsrc を Rdest に書き込む．演算命令の場合，ldi=0，ldir=0，we_r=1，alu=演算コードとする．レジスタ・アドレッシングで読み出した Rdest と Rsrc を alu の指示により ALU で演算し，s2 の 0 入力に与える．ldir=0 より s2 で ALU の演算結果を選択し we_r=1 より Rdest に書き込む．

3.3.2 LD命令とST命令の統合ハードウエア

LD 命令と ST 命令を実現する回路を図 3.6 と図 3.7 に基づいて設計する．図 3.6 と図 3.7 のレジスタ相対間接アドレッシング部分 @ (disp6，R0) は全く同じなので，同じ回路でよい．Rdest のレジスタ・アドレッシング部分は，LD 命令ではデータ・メモリから読み出して Rdest に書き込み，ST 命令では Rdest をデータ・メモリに書き込む．したがって，データ・メモリのデータ入力にレジスタの出力を，レジスタの入力にデータ・メモリの出力を，それぞれ接続すればよい．

図 3.13 に LD 命令と ST 命令を実現する回路を示す．この回路は，図 3.6 と図 3.7 を統合したものである．命令解読器から制御信号線である alu，we_r および we_m を出力する．LD 命令の場合，we_m=0，we_r=1，alu=00 とする．disp6 を 16 ビットに符号拡張した dsp16e と Rsrc を ALU で加算し，アドレスとしてデータ・メモリに与える．we_m = 0 よりデータ・メモリは読み出しモードなのでアドレスに対応したデータを取り出し Rdest に送る．we_r = 1 より Rdest にデータを書き込む．

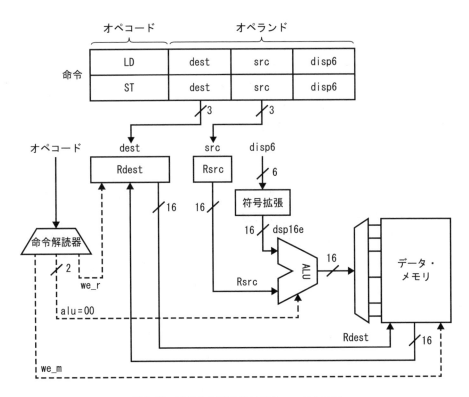

図 3.13　LD命令とST命令の統合ハードウエア

ST 命令の場合，we_m=1，we_r=0，alu=00 とする．disp6 を 16 ビットに符号拡張した dsp16e と Rsrc の内容を ALU で加算し，アドレスとしてデータ・メモリに与える．Rdest から読み出した データをデータ・メモリに送る．we_m=1 より Rdest をデータ・メモリに書き込む．

3.3.3　BEQ命令とBRA命令の統合ハードウエア

BEQ 命令と BRA 命令を同時に実現する回路を図 3.10 と図 3.11 に基づいて設計する．BEQ と BRA の統合回路は，図 3.10 と図 3.11 の回路に加えて，分岐先アドレスを通常命令の PC+1 にす るのか，BEQ 命令の PC+(pcdisp6)$_{16}$ （以下 beq PC）にするのか，BRA 命令の {PC[15：12], pcdrct12}（以下 braPC）にするのか，を選択する回路からなる．

分岐先アドレス選択回路には，2 入力セレクタを 2 個（s4，s5）用いる．まず s4 で beqPC と braPC から 1 つを選択し，この選択された信号 s4 と PC+1 を s5 で選択する．s4 の選択制御信号は， 図 3.11 の bra にする．つまり bra=1 のときに braPC を選択し，bra=0 のときに beqPC を選択する． s5 の選択制御信号は，BRA 命令か，分岐条件を満たした BEQ 命令のときに s5 の 1 入力を選択す るように設定する．図 3.10 で説明したように，BEQ 命令が分岐条件を満たすと and=1 となるので， and と bra の論理和（OR）出力 or を s5 の制御信号線に与えることにする．したがって or=1 のと きは，s4 で選択した braPC か beqPC のどちらかを s5 で選択し，or=0 のときは，PC+1 を選択し， PC に送る．

図 3.14 に BEQ 命令と BRA 命令を実現する回路を示す．この回路は，図 3.10 と図 3.11 を統合 したものである．図 3.14 において，beq は BEQ 命令のときに 1 となる制御信号，bra は BRA 命 令のときに 1 となる制御信号である．

BRA 命令の場合，PC[15：12] と pcdrct12 を連接した braPC を s4 の 1 入力に与える．命令解 読器が BRA のオペコードを読み込むと，bra=1，beq=0 となる．bra=1 を s4 の制御信号線および OR に与えるので，s4 で braPC を選択し，s5 の 1 入力に与える．bra=1 より or=1 となり，s5 の 制御信号線は 1 となる．その結果，braPC が選択され，s5=braPC となり PC に送られる．次のク ロックが入ることにより PC を braPC に更新してアドレス braPC にある命令を取り出す．

BEQ 命令の場合，pcdisp6 を 16 ビットに符号拡張した値と PC を加算器 2 で加算し beqPC を算 出し s4 の 0 入力に与える．命令解読器が BEQ のオペコードを読み込むと，beq=1，bra=0 となる． bra を s4 の制御信号線に与えるので，s4 の 0 入力すなわち beqPC が選ばれ s5 の 1 入力に与えら れる．Rsrc1=Rsrc2 のとき，3.2.4 項（1）で述べたように nor=1 となり，beq も 1 であるので and=1 → or=1 となり，s5 の制御信号線に 1 を与える．その結果，beqPC が選択され，s5=beqPC となり PC に送られる．次のクロックが入ることにより PC を beqPC に更新しアドレス beqPC に ある命令を取り出す．

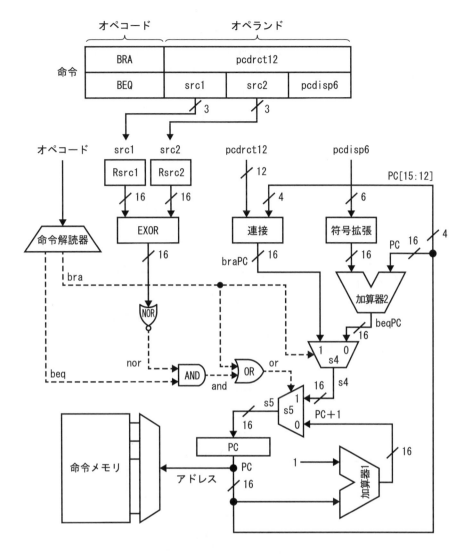

図 3.14　BEQ命令とBRA命令の統合ハードウエア

3.3.4　全体ハードウエア

図 3.1 の命令セットを実現するハードウエアは，図 3.12，図 3.13 および図 3.14 を統合したものになる．

(1)　ALU周りのハードウエア統合

図 3.12 と図 3.13 の統合にあたって説明をわかりやすくするため，まず ALU を中心に統合していく．ALU の入力であるが，図 3.12 の ALU 入力は Rdest と Rsrc であり，図 3.13 の ALU 入力は dsp16e と Rsrc である．Rsrc は共通であるのでそのままでよいが，もう一方の入力では，Rdest と dsp16e を選択するセレクタが必要になる．このセレクタを s0 とし制御信号を alu_in とする．ALU の出力は簡単で，ALU 出力を s2 の 0 入力 (図 3.12) とデータ・メモリのアドレス (図 3.13) に与えるだけでよい．図 3.12 と図 3.13 において，ALU とデータ・メモリ以外の部分については そのままでよい．

ALUを中心に図3.12と図3.13を統合した回路図を**図3.15**に示す．統合により追加したのは太線化したs0だけである．ALUを使用する演算命令では，RdestとRsrcを読み出して演算し，演算結果をRdestに書き込むので，Rdestでは読み出しと書き込みが行われる．そこで回路動作をわかりやすくするため，図3.15ではRdestを読み出し部［Rdest読出］と書き込み部［Rdest書込］に分割し，Rsrcの読み出し部を［Rsrc読出］として描いている．

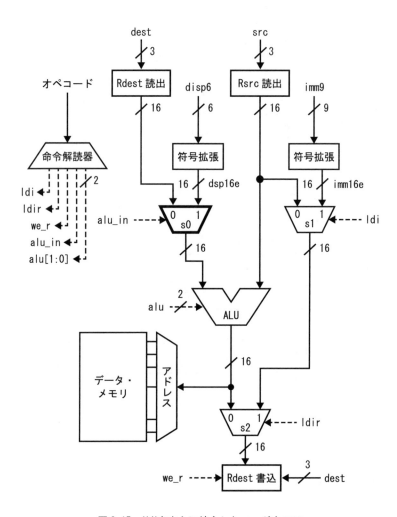

図3.15 ALUを中心に統合したハードウエア

（2）データ・メモリ周りのハードウエア統合

次に図3.15のハードウエアに，図3.13に示すデータ・メモリ周りの回路を追加する．データ・メモリの入力であるが，図3.13よりデータ・メモリ入力は，Rdestと命令解読器からのwe_mである．したがって，Rdestからデータ・メモリの書き込み入力に直接接続するとともにwe_mを与える．

データ・メモリからの出力は，図3.13よりRdestに書き込まれなければならない．しかし，図3.15ではRdestには既にs2出力が与えられているので，Rdestへの書き込みをデータ・メモリにするか，s2にするかを選択するセレクタが必要になる．このセレクタをs3とし，制御信号をLD命令のときに1となるldとする．図3.15とデータ・メモリ周りの回路を統合した回路を**図3.16**に示す．統合により追加したのは太線化したs3だけである．

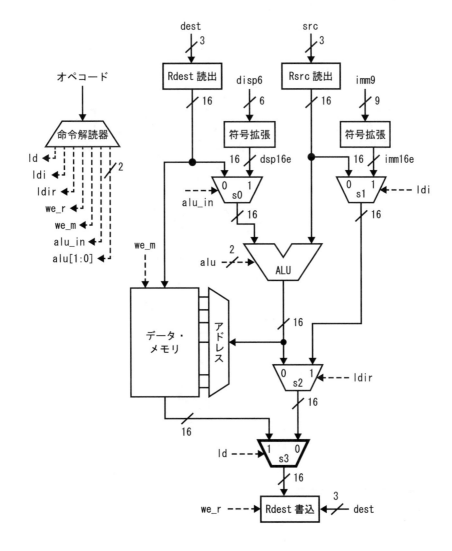

図3.16　ALUとデータ・メモリを中心に統合したハードウエア

（3）　演算命令と転送命令を実現するハードウエア

図 3.16 の統合ハードウエアに図 3.4 の命令フェッチ回路を統合した回路を**図 3.17** に示す．図 3.17 は，演算命令と転送命令を実現するハードウエアとなっている．

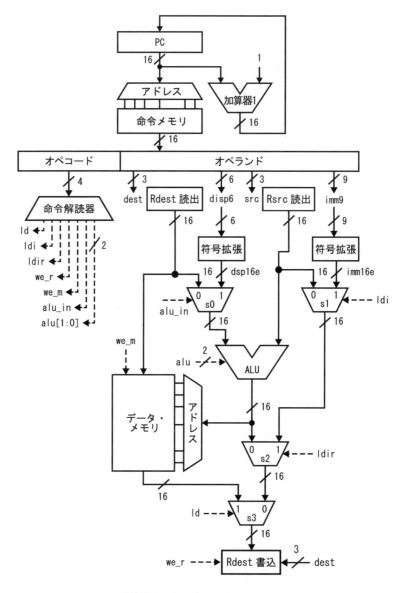

図 3.17　演算命令と転送命令を実現するハードウエア

（4）　全命令を実現するハードウエア

演算命令と転送命令を実現する図 3.17 の加算器 1 から PC に戻る配線に，分岐命令を実現する図 3.14 のセレクタ s5 を挿入し，EXOR への入力に図 3.17 の Rdest 読出と Rsrc 読出を与え，図 3.17 の命令解読器出力に beq と bra を追加することにより図 3.1 のすべての命令をサポートする CPU 回路を得ることができる．この回路を**図 3.18** に示す．

　分岐命令は命令メモリの次アドレスを決定するものなので，図 3.17 の単純な命令フェッチ回路を図 3.14 の分岐命令に対応する命令フェッチ回路に変更しなければならない．

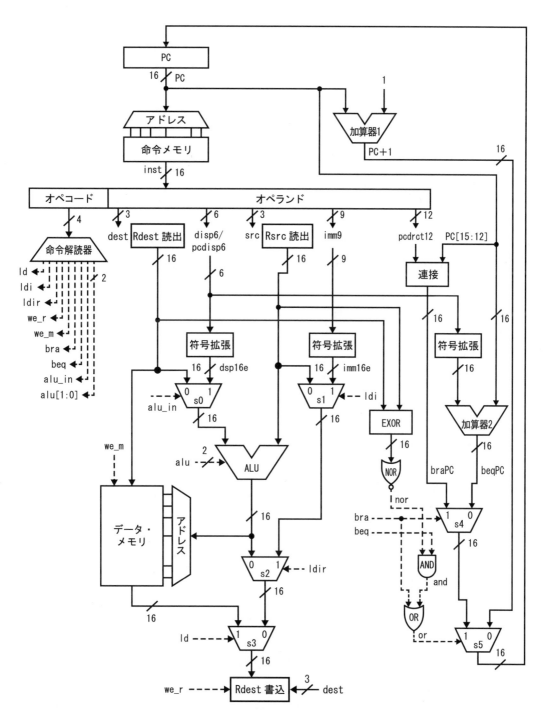

図 3.18　全命令を実現するハードウエア

3.4　命令解読器と制御信号

　図 3.18 の CPU を制御する回路が命令解読器である．本節では図 3.1 の各命令に対する制御信号について考察する．まず命令と各制御信号の関係について概説する．alu_in は転送命令を指示する信号で，1 ならば disp6 を符号拡張した信号を選択し，Rsrc と加算することで LD 命令や ST 命令で使うデータ・メモリのアドレスを算出する．0 ならば Rdest を選択する．したがって，alu_in は 1 ビットである．alu は，3.2.2 項で述べた 2 ビットの ALU 演算指定信号である．

　ldir は，LDI 命令または LDR 命令のときに 1 となる制御信号，ld, ldi, bra, beq の各信号は，それぞれ LD, LDI, BRA, BEQ の各命令のときに 1 となる制御信号である．これらの信号は 1 ビットである．we_r は，Rdest への書き込み許可信号，we_m は，データ・メモリへの書き込み許可信号で，ともに 1 のとき書き込み許可，0 のとき書き込み禁止である．これらの信号は 1 ビットである．図 3.18 中で制御信号線を破線で表している．各命令による CPU 回路動作を解説することにより，制御信号を決定する．

　ADD 命令の場合，Rdest と Rsrc を加算するため Rdest と Rsrc を ALU に入力しなければならない．したがって，alu_in=0 にして s0 で Rdest を選択する．ALU では加算を行うので，alu=00 にする．加算結果を Rdest に格納するので，ldir=0 にして s2 で ALU 出力を選択し，ld=0 にして s3 では s2 出力を選択する．さらに Rdest に書き込むので，we_r=1 にセットする．データ・メモリへの書き込みを防ぐため we_m=0 とする．ADD 命令は分岐しないので beq=bra=0 でなくてはならない．他の演算命令である SUB, AND, OR の各命令に対する制御信号は，ALU の演算種類を指定する制御信号 alu が ADD と異なるだけなので説明は省略する．

　LD 命令では disp6 を 16 ビットに符号拡張した dsp16e と Rsrc を加算してデータ・メモリのアドレスに与えるので alu_in=1 にして s0 で dsp16e を選択する．ALU では加算を行うので，alu=00 にして加算結果をデータ・メモリのアドレスに与える．データ・メモリから読み出したデータを Rdest に格納するので，ld=1 にして s3 ではデータ・メモリの出力を選択する．データ・メモリには書き込まないので，we_m=0 にするが，Rdest に書き込むので we_r=1 にセットする．LD 命令は分岐しないので beq=bra=0 でなくてはならない．

　LDI 命令では imm9 を符号拡張した imm16e を Rdest に格納するので，ldi=1 にして s1 で imm16e を選択し，ldir=1 にして s2 で s1 出力を選択する．s3 では ld=0 として s2 の出力を選択し，Rdest で書き込むため we_r=1 にする．データ・メモリに書き込んではいけないので we_m=0 にする．LDI 命令は分岐しないので beq=bra=0 でなくてはならない．

　LDR 命令では Rsrc を Rdest に格納するので，ldi=0 にして s1 で Rsrc を選択し，ldir=1 にして s2 で s1 出力を選択する．s3 では ld=0 として s2 の出力を選択し，Rdest で書き込むため we_r=1 にする．データ・メモリに書き込んではいけないので we_m=0 にする．LDR 命令は分岐しないので beq=bra=0 でなくてはならない．

　ST 命令では disp6 を 16 ビットに符号拡張した dsp16e と Rsrc を加算してデータ・メモリのアドレスに与えるので alu_in=1 にして s0 で dsp16e を選択する．ALU では加算を行うので，alu=00 にして加算結果をデータ・メモリのアドレスに与える．Rdest をデータ・メモリに書き込

むので，we_m=1 にしてデータ・メモリに書き込み許可を与える．Rdest には書き込んではいけないので we_r=0 にする．ST 命令は分岐しないので beq=bra=0 でなくてはならない．

BEQ 命令では Rdest（Rsrc1）と Rsrc（Rsrc2）が等しければ pcdisp6 を符号拡張して PC と加算して PC を更新するので，bra=0 として s4 で beqPC を選択する．Rsrc1=Rsrc2 であれば，NOR 出力 nor=1 より，beq=1 として s5 では s4 出力を選択する．結果 beqPC を PC に送り次のクロックで PC を更新する．メモリやレジスタには書き込まないので，we_r=we_m=0 でなければならない．

BRA 命令では PC[15：12] と pcdrct12 を連接して無条件で PC を更新するので，bra=1 にして s4 で braPC を選択する．bra=1 より OR 出力 or=1 になるので s5 で s4 出力を選択し PC に送り次のクロックで PC を braPC に更新する．メモリやレジスタには書き込まないので，we_r=we_m=0 でなければならない．

命　令	制御信号								
	alu_in	alu	ldir	ldi	ld	we_r	we_m	beq	bra
ADD Rdest, Rsrc	**0**	**00**	0	0	0	**1**	0	0	0
SUB Rdest, Rsrc	**0**	**01**	0	0	0	**1**	0	0	0
AND Rdest, Rsrc	**0**	**10**	0	0	0	**1**	0	0	0
OR　Rdest, Rsrc	**0**	**11**	0	0	0	**1**	0	0	0
LD　Rdest, @(disp6, Rsrc)	**1**	**00**	0	0	**1**	**1**	0	0	0
LDI Rdest, imm9	0	00	**1**	**1**	0	**1**	0	0	0
LDR Rdest, Rsrc	0	00	**1**	0	0	**1**	0	0	0
ST　Rdest, @(disp6, Rsrc)	**1**	**00**	0	0	0	0	**1**	0	0
BEQ Rsrc1, Rsrc2, pcdisp6	0	00	0	0	0	0	0	**1**	0
BRA pcdrct12	0	00	0	0	0	0	0	0	**1**
NOP	0	00	0	0	0	0	0	0	0

図 3.19　各命令に対する制御信号

NOP 命令では PC と 1 を加算して，PC+1 で PC を更新する．つまり何もしない．このために s5 で 0 入力を選択すればよい．このためには OR 出力 or=0 でなければならない．or を 0 にするためには，OR 入力をすべて 0 にしなければならない．これを beq=bra=0 により実現する．メモリやレジスタには書き込まないので，we_r=we_m=0 でなければならない．なお，各命令において，0 でも 1 でもよい信号はすべて 0 にする．言い換えれば，ある命令に関係ない信号を 0 にしたときに，その命令の実行に支障がないように設計しなければならない．

以上，各命令に対する制御信号を図 3.19 に示す．図において，太く大きい数字の信号値は，各命令を実行するのに必須な信号であり，小さい数字の信号値 0 は各命令の実行に関係ない 0 でも 1 でもよい信号である．

3.5 命令処理ステージ

図 3.18 に示した CPU 全体回路を実行順に 5 つのステージに分割したものを**図 3.20** に示す．以下各ステージについて解説する．

3.5.1 命令フェッチ：IF
最初のステージは，プログラム・カウンタ（PC），加算器 1 および命令メモリで構成される命令フェッチ（Instruction Fetch：IF）ステージであり，図 3.20 において IF ステージと名付けられた破線で囲まれた部分である．

IF ステージでは，プログラム・カウンタ（PC）に命令メモリのアドレスが保持されており，命令メモリから命令（inst）が取り出される．次に実行すべき命令のアドレスは，PC の直前で待機させられ，クロックが入ると待機していたアドレスが命令メモリに与えられる．この「次に実行すべき命令のアドレス」は，分岐命令が実行されているか，そうでないかで異なる．

3.5.2 命令デコード：ID
2 番目のステージは，命令解読器，レジスタ（Rdest, Rsrc），連接回路，3 つの符号拡張器，EXOR 回路，NOR 回路，AND 回路，OR 回路，2 つのセレクタ s4，s5，および加算器 2 から構成される命令デコード（Instruction Decode：ID）ステージであり，図 3.20 において ID ステージと名付けられた破線で囲まれた部分である．

ID ステージでは，命令解読器で命令のオペコードが解読されるとともに各命令で使用されるデータが準備される．Rdest と Rsrc のデータが読み出され，imm9，disp6，および pcdisp6 が 16 ビットの imm16e，dsp16e，pcdsp16e にそれぞれ符号拡張される．加算器 2 により BEQ 命令の分岐先アドレスの計算が行われる．命令解読器の出力 beq，bra および分岐条件 nor により次に実行すべき命令のアドレスが選択される．

3.5.3 命令実行：EX
3 番目のステージは，ALU および 3 つのセレクタで構成される命令実行（Execution：EX）ステージであり，図 3.20 において EX ステージと名付けられた破線で囲まれた部分である．

EX ステージでは，制御信号 alu_in により ALU への入力信号が選択され制御信号 alu により ALU 演算が選択され演算が行なわれる．ldi により Rsrc と imm16e のどちらかが選択される．EX ステージからの出力は，制御信号 ldir により選択される．

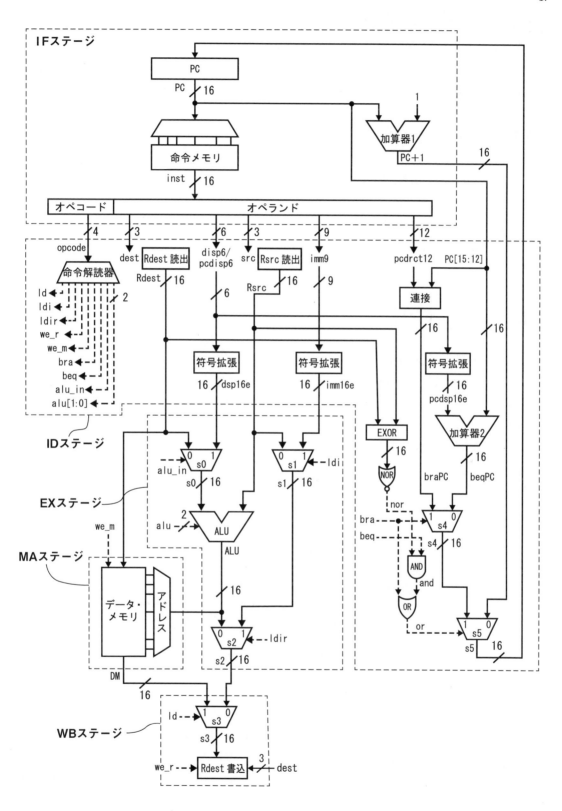

図 3.20　CPU全体回路の命令処理ステージへの分割

3.5.4　メモリアクセス：MA

4番目のステージは，データ・メモリだけで構成されたメモリ・アクセス（Memory Access：MA）ステージであり，図3.20においてMAステージと名付けられた破線で囲まれた部分である．

MAステージでは，データ・メモリへの書き込みやデータ・メモリからの読み出しが行われる．

3.5.5　ライトバック：WB

最後のステージは，Rdestとセレクタで構成され，データをRdestに書き込むライトバック（Write Back：WB）ステージであり，図3.20においてWBステージと名付けられた破線で囲まれた部分である．

WBステージでは制御信号ldによりRdestへの書き込みデータをEXステージ出力にするかMAステージ出力にするかが選択される．

3.6　パイプライン設計

3.6.1　パイプラインの概要

3.5節でみたように，1つの命令を処理する5つのステージは，IF，ID，EX，MA，WBの順で実行される．連続して命令を発行する場合，各命令の発行時間を決めてやる必要があるが，各命令の発行は，1.2節で述べたクロックに同期して行われる．クロックに同期させるためには図3.20に示すプログラム・カウンタ（PC）を付録C.2節に記載したクロック同期レジスタにする．これにより**図3.21**において，図C.7に示すように次の命令のアドレス（次アドレス）は同期レジスタの手前で待たされ，クロックが入ると命令メモリに出力されIFステージ回路から命令が発行される．

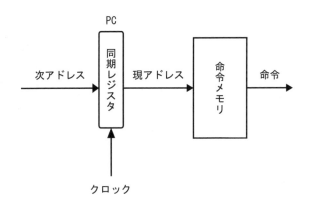

図3.21　IFステージ回路への同期レジスタの挿入

図3.22に命令A，命令B，命令Cがクロックによって順に逐次実行される様子を，横軸を時間として示す．図において，最初のクロックにより命令Aが格納されている命令メモリのアドレスが発行され順に5つのステージが実行されていく．その間に命令Bのアドレスが計算され，図

3.21 の同期レジスタの手前で待たされる. 2番目のクロックが入ると命令Bのアドレスが命令メモリに発行される,というふうに命令発行が繰り返される.

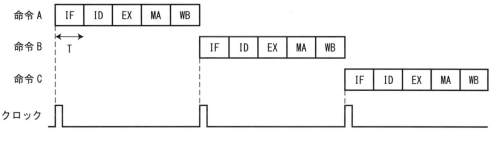

図 3.22　命令の逐次実行

　1つの命令実行に要する時間を**レイテンシ**,単位時間あたりに完了する命令数を**スループット**とよぶ. 図 3.22 に示すように各ステージの実行時間が T であるとすると,レイテンシは 5T,スループットは 1/5T となる.

　CPU を高速化するためには,単位時間あたりの命令完了数であるスループットを向上させる必要がある. **図 3.22** の例では,レイテンシである 5T を短くしなければならない. しかし,CPU が多機能を要求されるにつれて命令が多機能になり命令処理時間が増大するのでレイテンシは長くなることはあっても短くなることはない. そこで,レイテンシを短くすることなくスループットを向上させる手段としてパイプライン方式が考案された. 図 3.23 にパイプライン方式による命令実行を示す.

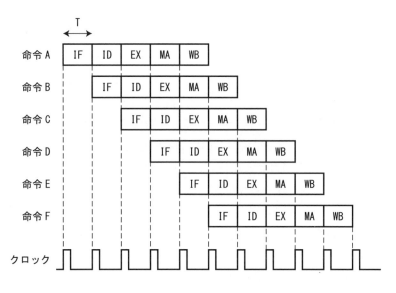

図 3.23　命令のパイプライン実行

　図 3.23 のパイプライン方式を実現するために,IF ステージ回路だけでなく他の 4 つのステージ回路の初段にも C.2 節のクロック同期レジスタを設けなければならない.

　図 3.23 に基づいてパイプライン動作について説明する．最初のクロックにより命令 A のアドレスが発行され IF ステージ回路が動作し，図 3.21 に示すように命令メモリから命令 A が取り出されるが，ID ステージの手前にある同期レジスタで待機させられる．また，命令 A を取り出している間に命令 B のアドレスが計算され図 3.21 に示す IF ステージの手前にある同期レジスタで待機させられる．

　2 つ目のクロックが入ると，命令 A が ID ステージに，命令 B のアドレスが IF ステージに，それぞれ入力される．命令 A の処理は，EX ステージ手前の同期レジスタで待たされ，命令 B の処理は，ID ステージ手前の同期レジスタで待たされる．このように，クロックが入る度に各命令のステージが 1 段ずつ進み，新しい命令がパイプラインに投入される．そして，5 つ目のクロック以降は，5 個の命令が並列に実行されていることになり，パイプライン化は命令処理の並列化手法の 1 つであることがわかる．

　図 3.23 より，5 つ目のクロック以降は，時間 T ごとに 1 つの命令が完了するので，スループットは，1/T になる．パイプライン化しなかった場合は 1/5T であったので，5 段のパイプライン化によりスループットが 5 倍に向上したことになる．一般に n 段のパイプライン化によりスループットは n 倍となる．ただし，1 つの命令を完了するのに要する時間であるレイテンシは変わらない．

3.6.2　パイプラインの問題点と解決策

　パイプライン方式では，複数の命令を 1 つの CPU で並列処理できるが，ある命令が，先行する命令との間にハードウエアやデータなどの依存関係をもっている場合，決められたクロック・サイクルでスタートできないことがある．このような事態を**ハザード**という．またハザードを回避するためにはパイプラインを遅らす必要があるが，この遅れを**ストール**という．以下ではパイプラインのハザードとその解決策について述べる．

（1）構造ハザード

　構造ハザードは，2 つ以上の命令処理ステージが 1 つのハードウエア回路をアクセスしようとしたときに生ずる．図 3.23 の例でいうと，3 クロック目が入った後の命令 A と命令 C で起きる．命令 A が加算であったと仮定すると，EX ステージで加算器にアクセスする．他方，命令 C の IF ステージでは次の命令 D のアドレスを準備するのに加算器を使おうとするため，命令 A の EX ステージと命令 C の IF ステージが加算器でぶつかるという構造ハザードが起こる．この結果，命令 C の IF ステージを 1 クロック遅らせる必要が生じる．すなわち 1 クロック・サイクルのストールが生じる．

　これは，4 クロック目が入った後の命令 A と命令 D の間でも起きる．命令 A は MA ステージにあるので，データ・メモリをアクセスしようとする．他方命令 D は IF ステージにあるので，命令メモリをアクセスしようとする．このとき図 1.2（b）のプリンストン・アーキテクチャのように 1 つのメモリに命令とデータが存在する場合，命令 A の MA ステージと命令 D の IF ステージがメモリでぶつかるという構造ハザードが起こる．結果，命令 D の IF ステージを 1 クロック遅らせなければならない．

　命令 A の WB ステージと命令 D の ID ステージでもレジスタ・ファイルに関して構造ハザードが

起こりそうである．WB ステージではレジスタ・ファイルへの書き込みが，ID ステージではレジスタ・ファイルからの読み出しが行われるからである．しかし，レジスタ・ファイルは読み書き同時アクセス可能なように設計されるので，構造ハザードは起きない．

　構造ハザードを解決するには，アクセスが重なるハードウエアを必要な分だけ追加すればよい．たとえば，EX ステージだけでなく IF ステージにも加算器を備えることにより IF ステージと EX ステージの構造ハザードはなくなる．また図 1.2（a）のハーバード・アーキテクチャのようにメモリを命令メモリとデータ・メモリに分離することにより，IF ステージと MA ステージの構造ハザードも消滅する．

（2）データ・ハザード

　一般に命令の実行結果はレジスタ・ファイルに書き込まれる．データ・ハザードとは，ある命令が先行命令の結果を利用する場合，先行命令の結果が WB ステージでレジスタ・ファイルに書き込まれるのを待つために ID ステージでのレジスタ・ファイルからの読み出しを数クロック遅らせなければならない現象である．

　図 3.24 は 2 オペランド方式（図 2.5）の演算命令間でデータ・ハザードを生じる命令列の例であり，ADD 命令による加算結果（R2）を SUB，AND，OR の各命令が読み込んで演算している．図の右側には WB ステージで書き込まれるレジスタ・ファイル内のレジスタを示す．

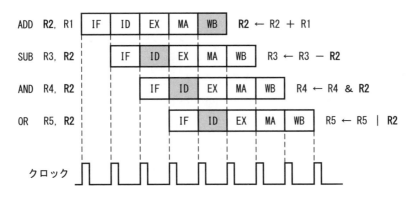

図 3.24　演算命令間のデータ・ハザード

　SUB 命令および AND 命令が ID ステージで R2 を読み出す時刻は，ADD 命令が R2 へ書き込みを行う WB ステージより 2 クロックおよび 1 クロックそれぞれ早い．したがって正しい結果を得るためには，**図 3.25** に示すように SUB 命令以降のステージを遅らせなくてはならない．

　図 3.25 になる理由を説明する．IF ステージでは使われるレジスタが不明なので，SUB 命令は IF ステージに投入される．SUB 命令が ID ステージに進んだ時点で R2 を使用することがわかるので，ADD 命令が WB ステージに入るまでは次に進まず ID ステージで足踏みする（レジスタ・ファイルは読み書き同時動作可能であるので，WB ステージと ID ステージが同時であれば，WB ステージで書き込んだレジスタの内容を ID ステージで読み出すことができる）．AND 命令は，SUB 命令が ID ステージに進むと同時に IF ステージに投入されるが，SUB 命令が ID で足踏みしているので，

AND命令は次に進めずIFステージで足踏みする．こうなるとOR命令はIFステージに入れず，AND命令がIDステージに進むのを待つことになる．この結果，パイプラインに2クロックのストールが発生する．

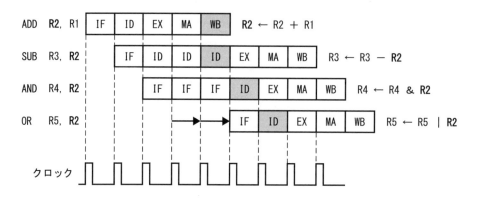

図 3.25　演算命令間のデータ・ハザード

　実際このような例は稀ではなく頻繁に起きる．その度に数クロック遅らせていたのではパイプラインの特長を活かすことはできない．そこで，データ依存関係があってもハザードを起こさない方法を考える．

　もしレジスタ・ファイルのことを考えないとすると，SUB命令やAND命令がR2の更新データを必要とするのはEXステージの最初であり，R2の更新データはADD命令のEXステージの最後に決まっている．図3.24をみると，ADD命令のEXステージは，当然のことながらSUB命令やAND命令のEXステージより前にある．そこで**図3.26**に示すようにADD命令のEXステージの最後からSUB命令のIDステージの最後に直接更新データを送れば，SUB命令を遅らせる必要はなくなり，ADD命令のMAステージの最後からAND命令のIDステージの最後に直接更新データを送れば，AND命令も遅らさなくてもよくなる．このようにレジスタ・ファイルを介さずハードウエアで直接データを転送してハザードを解消する技術をフォワーディングまたはバイパッシングという．OR命令では，レジスタ・ファイルが読み書き同時動作可能であるので，ADD命令のWBステージとOR命令のIDステージが重なっていてもフォワーディングの必要はない．まとめると演算命令においてフォワーディング技術を適用することにより，データ・ハザードを解消することができる．

　フォワーディング技術でデータ・ハザードを回避できない場合を考える．**図3.27**はロード命令と演算命令間でデータ・ハザードを生じる命令列の例であり，LD命令によるデータ・メモリからの転送データ（R2）をSUB, AND, ORの各命令が読み込んで演算している．図の右側にはWBステージで書き込まれるレジスタを示し，M[R1]はデータ・メモリのアドレスR1のデータを示す．LD命令でレジスタに格納するデータが確定するのは，データ・メモリから読み出した時点，すなわちMAステージの終わりである．LD命令のMAステージとSUB命令のEXステージは重なっているが，SUB命令はEXステージの最初にデータを必要とするので，MAステージからEXステー

ジにフォワーディングしても間に合わない．したがって，SUB 命令を 1 クロック遅らせる必要がある．

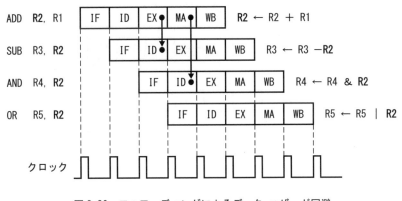

図 3.26　フォワーディングによるデータ・ハザード回避

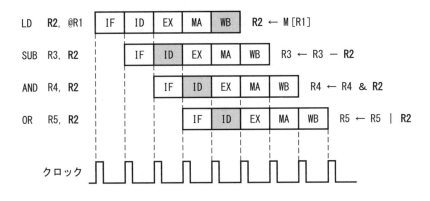

図 3.27　ロード命令によるデータ・ハザード

　図 3.28 に LD 命令の MA ステージから SUB 命令の EX ステージにフォワーディングしたときのパイプラインを示す．SUB 命令は，ID ステージで LD 命令の結果を必要とすることがわかり，ID ステージで 1 クロック分足踏みする．AND 命令は，SUB 命令が ID ステージに進むと同時に IF ステージに投入されるが，SUB 命令が ID で足踏みしているので，AND 命令は次に進めず IF ステージで足踏みする．こうなると OR 命令は IF ステージに入れず，AND 命令が ID ステージに進むのを待つことになる．この結果，パイプラインにおいて 1 クロックのストールが発生する．

（3）制御ハザード

　分岐命令によるパイプライン・ハザードを**制御ハザード**という．**図 3.29** に制御ハザードが起きたパイプラインを示す．BEQ 命令で R5=R6 という条件が満たされたため ADD 命令が破棄され Label というラベル付きの命令（OR 命令）に分岐し，1 クロックのストールが発生する様子が描かれている．被害が 1 ステージに収まる理由は，BEQ 命令における分岐判定が図 3.20 に示すように ID ステージという早いステージで行われるからである．

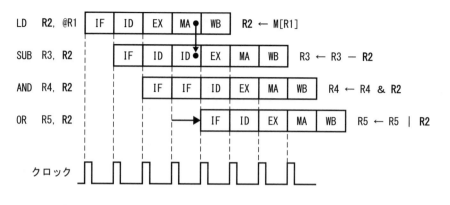

図3.28　ロード命令に対するフォワーディング

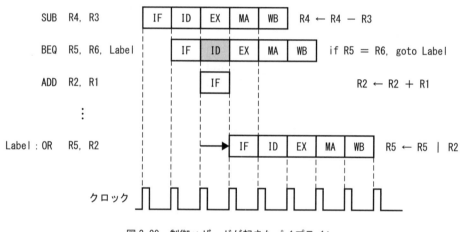

図3.29　制御ハザードが起きたパイプライン

　制御ハザードによる1クロック分の遅れをフォワーディングで解消することはできない．パイプライン・ハザードを解消または緩和する手法を以下に示す．

① 分岐不成立予測

　分岐が不成立であると予測し，分岐が成立すれば，図3.29に示すように分岐命令の次の命令を破棄してパイプラインに何もしない命令（図3.1および図3.2のNOP命令）を投入する方法である．

② 動的分岐予測

　分岐したか，しなかったかを学習し，その時々で確率の高い方を予測する方法である．ここで紹介する動的分岐予測は，分岐成立を予測していて，2回連続して不成立が続けば不成立状態になり，不成立を予測していて，2回連続して成立が続けば成立状態になるというものである．不成立状態では通常どおり分岐命令の次の命令がパイプラインに投入され，成立状態では分岐先の命令が投入される．

　図3.30に動的分岐予測の状態遷移図を示す．図において，1は成立，0は不成立を示す．円内の2ビットの数値は状態であり，11は純粋な成立予測状態，10は成立予測状態であるが不成立

の可能性も含んだ状態，00 は純粋な不成立予測状態，01 は不成立予測状態であるが成立の可能性も含んだ状態である．x=1 とは入力 x に 1 が入力されたこと，すなわち分岐命令が実行され成立したことを示す．また，x=0 とは入力 x に 0 が入力されたこと，すなわち分岐命令が実行され不成立になったことを示す．

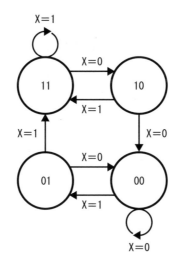

図 3.30　動的分岐予測の状態遷移図

　最初に状態 11 にあったとする．分岐命令が実行され成立した場合には状態は変わらない．しかし不成立になった場合は今後不成立になる可能性があるので状態 10 に移る．状態 10 において分岐命令が実行され成立した場合には，先程の不成立は偶然であり今後も成立の確率が高いと見なして状態 11 に戻る．状態 10 で分岐命令が実行され不成立であった場合は，2 回連続で不成立になったことになるので，今後は不成立の確率が高いと見なして状態 00 に移る．状態 00 のときに分岐命令が実行され不成立の場合には状態は変わらない．しかし成立した場合は今後成立になる可能性があるので状態 01 に移る．

　状態 01 において分岐命令が実行され不成立となった場合には，先程の成立は偶然であり今後も不成立の可能性が高いと見なして状態 00 に戻る．状態 01 で分岐命令が実行され成立した場合は，2 回連続して成立したことになるので，今後は成立の確率が高いと見なして状態 11 に移る．

③ 遅延分岐

　分岐するかどうかの判定が ID ステージでなされる場合，分岐が成立すると，図 3.29 に示すように分岐命令の次の命令（ADD 命令）が被害を受ける．そこで分岐が成立しても分岐命令の次の命令が完了するまで分岐を遅らせれば被害を受ける命令はなくなる．この方法を**遅延分岐**という．

　しかし，分岐命令の次の命令は，分岐が成立してもしなくても結果に影響を与えてはならない．図 3.29 の SUB 命令は使用するレジスタが BEQ 命令と異なるので BEQ 命令の次に実行しても BEQ 命令に影響を与えない．そこで**図 3.31** に示すように SUB 命令を BEQ 命令の次に移し，分岐が成立しようがしまいが SUB 命令を実行してしまうのである．これにより，分岐が成立して OR 命令に分岐してもストールは発生しない．分岐が成立しなかった場合は，そのまま命令を続行するので，

ストールが発生しないことは言うまでもない．図 3.31 で SUB 命令が入る位置を**分岐遅延スロット**
という．BEQ 命令では ID ステージで分岐の成立 / 不成立が決まるので，分岐遅延スロットは 1 つ
である．

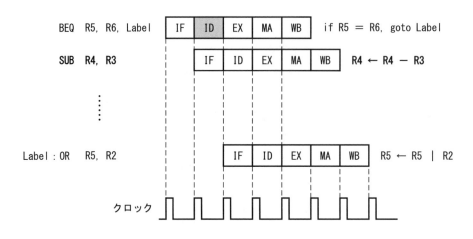

図 3.31　遅延分岐による制御ハザードの改善

演習問題3

1 60個の命令をサポートし，16個のレジスタをもつ32ビットCPUについて以下の設問に答えよ．

(1) オペコードの最小ビット数を求めよ．

(2) オペランドのレジスタ領域の最小ビット数を求めよ．

(3) 下図の命令形式について，数値領域のビット数と数値範囲を求めよ．ただし数値は符号付2進数である．

オペコード	レジスタ	レジスタ	数値

2 図3.20のCPU回路のIDステージ～WBステージにおいて，各命令の実行に必要な回路名または機能ブロック名を解答せよ．名前には回路記号や多角形内に記されている名称を用いよ．

(1) ADD Rdest, Rsrc

(2) LD Rdest, @(disp6, Rsrc)

(3) LDI Rdest, imm9

(4) LDR Rdest, Rsrc

(5) ST Rdest, @(disp6, Rsrc)

(6) BEQ Rsrc1, Rsrc2, pcdisp6

(7) BRA pcdrct12

3 図3.1と図3.2の命令セットを用いて1～100までの整数を加算し，結果をR0に格納するアセンブラ・プログラムを作成せよ．プログラムはNOPで終了せよ．そのとき各命令が格納されるアドレスも明記せよ．ただし，命令メモリのアドレスはバイト単位とし，プログラムはアドレス400から格納されると仮定する．プログラムの数値は10進数でよい．

4 図3.20において，オペランドからアクセスされ読み出されるRdestおよびRsrcと，s3から書き込まれるRdestは図C.14のレジスタ・ファイルである．図C.14に示すレジスタ・ファイルの各端子(dest, src, dest', Rdata, Rdest, Rsrc, 書込許可信号)に接続される回路を図3.20から選べ．

5 図3.20のCPU回路をIF, ID, EX, MA, WB の5ステージに分割してパイプライン化するために図C.8に示すレジスタを用いる．各ステージをパイプライン化するためにどうすればよいか解答せよ．

(1) IF ステージ

(2) ID ステージ，EX ステージ

(3) MA ステージ

(4) WB ステージ

第 4 章　記憶階層

　コンピュータが高速に動作するためには，メモリからデータを CPU に高速に与え，CPU が高速に処理し，処理済データをメモリに高速に出力しなければならない．しかし，付録 C.3.4 節で述べているように，メモリが大容量になればなるほど動作は遅くなる．そこで，CPU が使うメモリを小容量にする必要があるが，CPU からみたメモリは大容量でなくてはならない．何故なら CPU が発行するアドレスは，大容量メモリに対応しているからである．

　したがって，記憶装置を小容量，中容量，大容量と階層化し，CPU が使うデータを大容量 → 中容量 → 小容量に移しておく方法が考案された．これを記憶階層という．

4.1　記憶階層の原理

　階層化しても小容量～大容量間で頻繁にデータの入れ替えが生じたならば使いものにならない．しかし経験則として以下のようなメモリ参照の局所性があるため，記憶階層は有効な手段となる．

　① 時間的局所性（Temporal Locality）
　　　ある時刻でアクセスされたアドレスは，再びアクセスされる確率が高い．
　② 空間的局所性（Spatial Locality）
　　　アクセスされたアドレス付近のアドレスは，アクセスされる確率が高い．

　したがって，あるアドレスのデータが要求されて小容量メモリにデータをもってくる場合，そのアドレスのデータだけでなく，そのアドレス近傍のデータをブロックとして移しておけば，頻回な入れ替えをしなくて済む．

4.2　記憶装置

　階層化される記憶装置について述べる．以下では各装置の容量や速度が記載されているが，執筆時点でのデータであり日々変化する．したがって装置間の相対比較にすぎない．

4.2.1　レジスタ・ファイル
　CPU と同じチップに内蔵されるレジスタの集合体であり，32 ～ 128 ワードのレジスタを収容している．デバイスは CMOS で，回路形式はスタティック RAM（以下 SRAM）なので低電力であるとともに記憶装置の中で最も高速である．技術文章で定性的な表現は禁句であるが，ここでは「超高

速」ということにしておこう．スタティックとは，電源を投入している限り記憶データが時間変化せずに安定していることをいう．詳細は付録 C.4 節を参照のこと．

4.2.2 キャッシュ・メモリ

CPU と同じチップに内蔵されるメモリで，CMOS デバイスの SRAM なので高速である．記憶容量は CPU の目的で千差万別であるが，12MB 程度であり，レジスタ・ファイルに比べると記憶容量が大きいので低速である．キャッシュの詳細は付録 C.3 節参照のこと．

4.2.3 主記憶

CPU と別チップで提供されるメモリで，CMOS デバイスのダイナミック RAM（DRAM）である．ダイナミックとは記憶データが時間変化するという意味であり，放置しておくと電源が入っていてもデータが消失(揮発)する．そのため DRAM では周期的にデータのリフレッシュが行われる．

記記憶容量は 1 チップ当たり 1 GB で，キャッシュ・メモリの 約 100 倍である．実際には 複数チップで 1 モジュールとして使われる．動作速度は，デバイスの違いだけでなくリフレッシュも必要なためキャッシュ・メモリより遅い．

4.2.4 2次記憶

2 次記憶は，ハード・ディスク・ドライブ（以下 HDD）であり，磁極 n 極と s 極の向きでディジタル・データ 0 と 1 を区別する．最近の性能向上は目覚しく，最大容量 16 TB（16000GB），データ転送速度 2 Gbps，消費電力最大 10W のものが発売されている． HDD の場合，業界の慣例で 1K = 1,000，1M = 1,000,000，1G = 1,000,000,000 である． HDD は磁気記憶なので，電源を切ってもデータが消失することはない．HDD の材料は半導体ではなく磁性体なので，動作速度は記憶階層の中で最も遅い．

4.3 記憶階層間のデータ転送

図 4.1 に記憶階層間のデータ転送を示す．レジスタ・ファイルとキャッシュの間は 1 ワードを転送する．キャッシュと主記憶の間は，ブロック単位で転送する．ブロックサイズは 1 〜 4 ワードである．主記憶と 2 次記憶の間は，ページまたはセグメント単位で転送する．ページサイズは 4 〜 64KB 程度である．

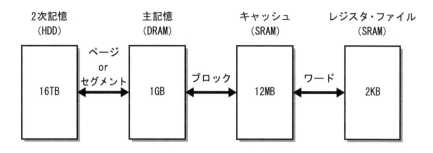

図 4.1　記憶階層間のデータ転送

4.4　キャッシュ

　CPU からよばれたデータは，主記憶からキャッシュにブロック単位で転送され，CPU により処理され，キャッシュからブロック単位で主記憶に戻される.

　この過程で決めておかなければならないアルゴリズムがいくつかある. 1 つ目は主記憶から転送してきたブロックをキャッシュのどこに置くかということ，2 つ目はキャッシュシステムにおける書き込み処理，3 つ目はキャッシュにおけるデータの入れ替え処理である. 以下では，これらのアルゴリズムについて述べるが，1 ワード 32 ビットとし，アドレスはバイト単位であるとする.

4.4.1　マッピング・アルゴリズム

　主記憶から転送してきたブロックをキャッシュ上に配置することを**マッピング**という. マッピングを行うには，主記憶のアドレスを**図 4.2** に示すように，ブロック・アドレスとブロック内アドレスに分割し，ブロックアドレスをさらにタグとインデックスに分割する.

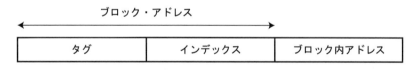

図 4.2　主記憶アドレスの分割

　ブロック内アドレスのビット幅によって，ブロック・サイズが決まる. ブロック内アドレスが 2 ビットであれば，00，01，10，11 の 4 アドレス分が 1 ブロックになる. アドレスはバイト単位であるので，1 ブロックは 4 バイト，すなわち 32 ビットとなり，ブロック・サイズは 1 ワードとなる. このとき，ブロック・アドレスはワード・アドレスと等価である. インデックスは，キャッシュのアドレスに相当する. たとえばインデックスが 3 ビットであったとすると，キャッシュは，000 〜 111（2 進数）までの 8 個のアドレスをもつことになる. 一般にメモリのデータは 1 種類であるが，キャッシュのデータは，主記憶データ，図 4.2 に示す主記憶アドレスのタグ部分，データが有効であることを示す有効ビット（バリッド・ビットともいう）の 3 種類である.

図4.3にブロック内アドレス2ビット，インデックス3ビットの場合のキャッシュの構造を示す．図ではブロック内アドレス（バイト・アドレス）も記載されている．

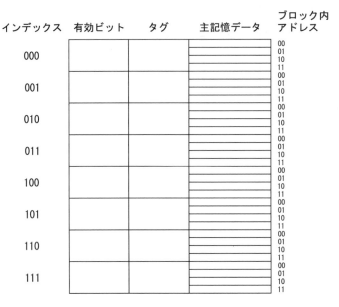

図4.3 キャッシュの構造

データをキャッシュに置く方法には，ダイレクト・マップ方式，セット・アソシアティブ方式，フル・アソシアティブ方式の3つがある．

（1）ダイレクト・マップ（Direct Mapped）方式

キャッシュ上の位置が決まっている方式で，主記憶アドレスのインデックス部をキャッシュのアドレスとすることで実現する．図4.4にダイレクト・マップ方式で主記憶からキャッシュに転送した場合の主記憶とキャッシュのアドレスやデータの関係を示す．主記憶のアドレスは，図4.2のブロック・アドレスであり，タグとインデックスは _ で区切られている．block A ～ block Gは，ブロックのデータ，すなわちワード・データである．

主記憶のアドレス0からみていこう．ブロック・アドレスは，00000_000であるので，タグは00000，インデックスは000である．インデックスをキャッシュのアドレスとみなすので，キャッシュのアドレス000に転送される．キャッシュのアドレス000のタグには00000が，データにはblock Aが格納される．ここで図4.3の有効ビットに1を立てるが，図4.4では省略されている．

block Fのデータをもつ主記憶のブロック・アドレスは，10101_010である．タグは10101，インデックスは010であるので，キャッシュのアドレス010にタグ10101とブロック・データblock Fが格納される．このように，主記憶からのデータの転送先は，厳格に決められる．

（2）セット・アソシアティブ（Set Associative）方式

ダイレクト・マップ方式では転送場所が決まっているため，入れ替えのときに見つけやすいが，入れ替えが頻繁に起こるという欠点がある．たとえば図4.4に示すように，キャッシュのアドレス101とアドレス110が空いているにも関わらずblock Gのデータを主記憶からそれらのアドレス

に転送できない．なぜなら block G のインデックスが 111 なので，キャッシュのアドレス 111 に転送しなければならないためである．しかし，アドレス 111 には既に block D が存在するので，入れ替えが発生する．

この問題を解決するには，同じインデックスに対応するタグとデータの組を追加すればよい．この方式をセット・アソシアティブ方式という．タグとデータの組を 2 つもつ場合を**図 4.5** に示す．図 4.5 のキャッシュでは，1 つのインデックスに対して，2 組のタグとデータが用意されている．これにより block G のデータは，block D と入れ替えすることなしにキャッシュに格納される．

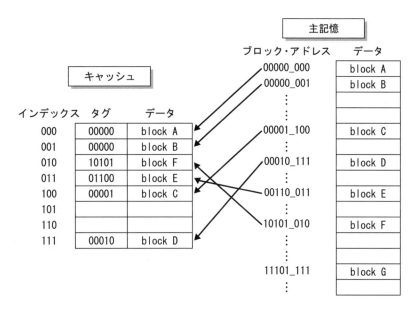

図 4.4 ダイレクト・マップ方式によるマッピング

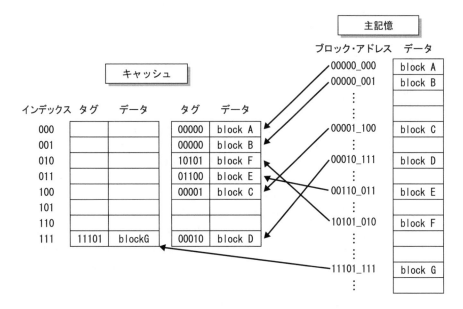

図 4.5 セット・アソシアティブ方式によるマッピング

　　このように2組のタグとデータをもつキャッシュを2ウェイ・セット・アソシアティブ方式という．同様に4組のタグとデータをもつキャッシュを4ウェイ・セット・アソシアティブ方式という．前項で述べたダイレクト・マップ方式は，1ウェイ・セット・アソシアティブ方式ともいえる．

（3）フル・アソシアティブ（Full Associative）方式

　　フル・アソシアティブ方式とは，主記憶のデータをキャッシュのどこにマッピングしてもよい方式である．マッピングの自由度はあるが，CPUからアドレス・アクセスがあったとき，キャッシュに存在するかどうかを判断するのにキャッシュ内のすべてを探索しなければならないので時間がかかるという欠点がある．

4.4.2　キャッシュ動作

　　キャッシュからの読み出しについて述べる．図4.6に示すように，CPUから与えられたアドレスはタグ，インデックス，ブロック内アドレスに分割される．インデックスによりキャッシュのアドレスが選択され，タグが読み出される．読み出されたタグとCPUから与えられたアドレス内のタグが比較される．タグが一致し，かつ有効ビットに1が立っていた場合，データが存在したことを示すためにヒット信号に1を出力するとともにタグが一致した方のデータを出力する（図4.6 ①，②）．ヒット信号が1になるとき，キャッシュがヒットしたという．

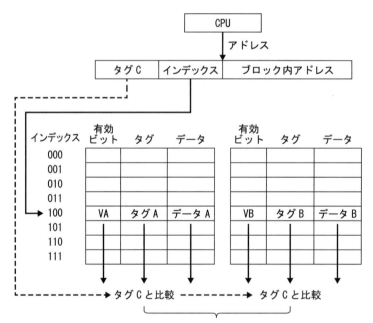

①タグA＝タグC，VA＝1　→　ヒット信号＝1，データAをCPUに転送．
②タグB＝タグC，VB＝1　→　ヒット信号＝1，データBをCPUに転送．
③タグA＝タグC，VA＝0　→　ヒット信号＝0，主記憶よりデータ転送　→　有効ビットに1を設定．
④タグB＝タグC，VB＝0　→　ヒット信号＝0，主記憶よりデータ転送　→　有効ビットに1を設定．
⑤タグCがタグAやタグBと不一致　→　ヒット信号＝0，主記憶よりデータ転送　→　有効ビットに1を設定．

図4.6　2ウェイ・セット・アソシアティブ方式におけるデータ読み出し

タグが一致しなかったり，タグが一致しても有効ビットが 0 になったりした場合は，ヒット信号に 0 を出力し，CPU が要求するデータを主記憶からキャッシュに転送し，有効ビットに 1 を立てる（図 4.6 ③，④，⑤）．ヒット信号が 0 になるとき，キャッシュがミスしたという．キャッシュミスの場合，主記憶からキャッシュへの転送が行われる．

4.4.3 書き込み処理

キャッシュに書き込みが発生したとき，ヒットした場合（キャッシュに該当アドレスが存在した場合），キャッシュにのみ書き込む場合と，キャッシュと主記憶の両方に書き込む場合がある．前者を**ライト・バック**（write back）**方式**，後者を**ライト・スルー**（write through）**方式**という．

入れ替えが発生して，キャッシュから追い出される場合，ライト・スルー方式では主記憶を更新する必要はないが，ライト・バック方式ではキャッシュに書き込みが起こったデータに対して主記憶を更新しなければならない．主記憶を更新するかどうかを特定するためにダーティ・ビット（dirty bit）を設け，キャッシュに書き込みが起こったときにダーティ・ビットに 1 を設定する．置き換え要求があったときにダーティ・ビットが 1 であるブロックだけ主記憶を書き換える．

キャッシュに書き込みが発生したとき，ミスした場合（キャッシュに該当アドレスが存在しなかった場合）の書き込み処理方法は 2 つある．1 つは該当ブロックを主記憶からキャッシュにマッピングしてから上記に述べたようにキャッシュがヒットしたときの処理（ライト・バックまたはライト・スルー）を行う方法，他の 1 つは，元々キャッシュになかったのであるから，キャッシュを無視して主記憶に直接書き込む方法である．前者を**ライト・アロケート**（write allocate），後者を**ノー・ライト・アロケート**（no write allocate）という．ライト・スルー，ライト・バックとライト・アロケート，ノー・ライト・アロケートの間の組み合わせは任意である．

4.4.4 入れ替え処理

キャッシュミスによりブロックの入れ替えを行う方法には，ランダム法，FIFO（First In First Out）法，LRU（Least Recently Used）法がある．

ランダム法は，入れ替えの際にキャッシュから追い出すブロックをランダムに選択する方法である．FIFO 法は，最初にマッピングされたブロック，言い換えれば最も長くキャッシュに滞在しているブロックから追い出す方法である．LRU 法は，アクセスされてから最も時間が経過しているブロックから追い出す方法である．4 ウェイ・セット・アソシアティブ方式のキャッシュにおいて，インデックスが 101 のアドレスが時刻 T0 ～ T8 で CPU から連続して要求された場合における LRU 法による入れ替えの様子を**図 4.7** に示す．図において，タグ，インデックスともに 3 ビットと仮定している．

次に入れ替え動作について説明する．図において，データも入れ替えられるが，簡単のためにタグの更新だけに注目する．

時刻 T0 にブロック・アドレス 111_101 が参照され，インデックス 101 のセット 0 のタグに 111 が書き込まれる．時刻 T3 まではタグに空きがあるため入れ替えは起こらない．T0 ～ T3 まで LRU 対象ブロックは，アクセスされてから最も時間が経過しているセット 0 111_101 である．

　時刻 T4 で 011_101 が参照されるとセット 0 の 111_101 との間で入れ替えが起き，このとき LRU 対象ブロックはセット 1 の 110_101 に変わる．

　時刻 T5 で 101_101 が参照されると，セット 2 に存在するので入れ替えは起きないが参照されたという事実は残る．

　時刻 T6 で 010_101 が参照されると，セット 1 の 110_101 との間で入れ替えが起き，このとき LRU 対象ブロックはセット 3 の 100_101 に変わる．

　時刻 T7 で 100_101 が参照されると，セット 3 に存在するので入れ替えは起きないが参照されたという事実が残り，LRU 対象ブロックがセット 0 の 011_101 になる．

　時刻 T8 で 001_101 が参照されると，セット 0 の 011_101 との間で入れ替えが起き，LRU 対象ブロックがセット 2 の 101_101 に変化する．

　結果 3 回の入れ替えが起きる．入れ替え回数が少ないアルゴリズムが優れているが，一般に FIFO 法はランダム法より劣っており，ランダム法と LRU 法がよく使われる．

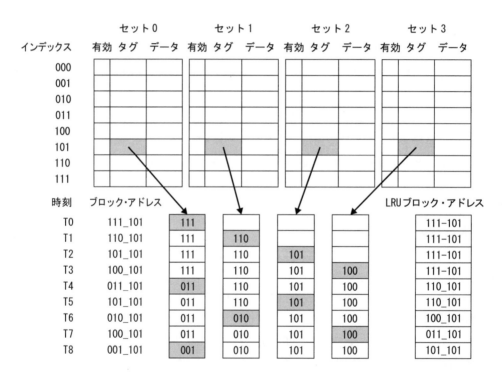

図 4.7　4ウェイ・セット・アソシアティブ方式におけるLRU対象ブロック

4.5　仮想記憶

　図 4.1 の記憶階層に示す主記憶と 2 次記憶の関係において，主記憶に前項で述べたキャッシュの役割を担わせる方式を**仮想記憶**という．キャッシュと主記憶の間では，ブロック単位でデータを転送したが，主記憶と 2 次記憶の間では，ページ単位でデータを転送する．仮想記憶システムに

おいて，CPU が発行するアドレスは仮想アドレスであり，仮想アドレスにより主記憶をアクセスする．仮想アドレス容量は，主記憶容量の 4 倍程度であり，仮想アドレスで主記憶をアクセスすることはできない．そこで，仮想アドレスを主記憶アドレスに変換する必要がある．

そのために，仮想アドレスおよび主記憶アドレスを図 4.8 に示すようにページ内アドレスとそれ以外の 2 つに分割する．ページ内アドレスは共通である．CPU が発行するアドレス長を 32 ビットとし，主記憶容量を 1GB とする．$1G=2^{30}$ であり，アドレスはバイト単位なので主記憶のアドレス長は，30 ビットとなる．ページ・サイズを 16KB とすると $16K=2^{14}$ よりページ内アドレスは，14 ビットである．

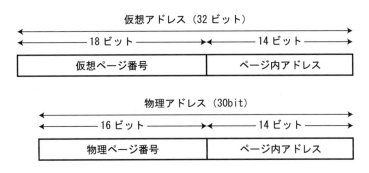

図 4.8　仮想アドレスと主記憶アドレスの対応

仮想アドレスと物理アドレスを対応させるために，メモリ上に仮想ページ番号をアドレスとし，物理ページ番号をデータとしたページ・テーブルを作成する．図 4.8 より仮想ページ番号は 18 ビットであるので，ページ・テーブルのアドレス，すなわちエントリ数は，2^{18} 個である．データである物理ページ番号は 16 ビットであるが，キャッシュと同じように有効ビットやダーティ・ビットを追加しなければならないので，データ幅として 32 ビット（4 バイト）を確保する．したがって，ページ・テーブルの大きさは，$2^{18} \times 4Byte = 2^{20}Byte = 1MB$ となる．図 4.9 にメモリ中におけるページ・テーブルと仮想アドレスによるデータ読み出しの様子を示す．

図中ページ・テーブル・レジスタには，ページ・テーブルの先頭アドレスが格納されている．CPU から仮想アドレスが出力されると（①），仮想ページ番号とページ内アドレスに分割される（②）．仮想ページ番号は，ページ・テーブル・レジスタと加算されてページ・テーブルのアドレスに入力され（③），ページ・テーブルから物理ページ番号が取り出される（④）．取り出された物理ページ番号はページ内アドレスと連接され，物理アドレスとなりメモリのアドレスに入力される（⑤）．メモリよりデータが取り出され CPU に送られる（⑥）．

ページ・テーブルに物理ページ・アドレスがなかった場合，すなわち有効ビットが 0 の場合，ページ・フォールトが発生する．ページ・フォールトが発生すると，必要なページを 2 次記憶から主記憶に転送する．主記憶での入れ替えは LRU 法によって行われる．書き込み時には主記憶のみに書き込むライト・バック方式が用いられる．主記憶だけでなく 2 次記憶にも書き込むライト・スルー方式は，ページ・サイズが 16KB もあるのでアクセス時間が大きく現実的でない．

図 4.9 よりわかるように，ページ・テーブルを用いたデータ読み出しでは，主記憶を 2 回アク

セスしなければならない（③と⑤）．そこで高速化のために，物理ページ番号の取り出しをキャッシュにする方法が考えられた．このキャッシュを**アドレス変換バッファ**（Translation-Lookaside Buffer：以下 TLB）という．

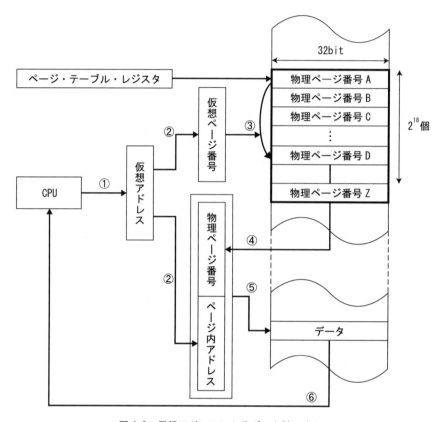

図 4.9　仮想アドレスによるデータ読み出し

　図 4.10 に TLB を示す．TLB は図 4.7 のようなセット・アソシアティブ方式ではなく，どこにマッピングしてもよいフル・アソシアティブ方式である．したがって仮想ページ番号は，タグとインデックスに分割されずすべてタグとなる．

　セット・アソシアティブ方式では図 4.6 に示すように，インデックスで選択したタグを読み出した後タグ同士を比較するが，TLB ではインデックスがないので，仮想ページ番号全体をタグに入力しタグ内を同時に検索する．一致するタグが見つかると，有効ビットが 1 ならば，そのタグに属する物理ページ番号が読み出される．物理ページ番号は，仮想アドレスのページ内アドレスと連接され，物理アドレスとなってメモリをアクセスする．

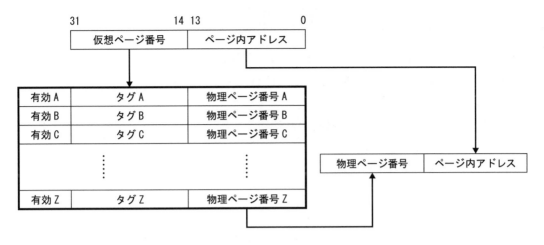

図4.10　アドレス変換バッファ（TLB）

演習問題4

1 256ブロックを格納できる4ウェイ・セット・アソシアティブ方式のキャッシュをもつ32ビットCPUがある.主記憶のバイト単位アドレスは16ビットとする.

(1) インデックスのビット数を求めよ.

(2) ブロック内アドレスのビット数を求めよ.

(3) タグのビット数を求めよ.

(4) キャッシュの総ビット数を求めよ.ただし,有効ビットは考慮しないものとする.

(5) 主記憶メモリの総ビット数を求めよ.

2 ダイレクトマップ方式のキャッシュにおいて,主記憶の各ブロックデータがキャッシュにマッピングされるとき,キャッシュのタグとそれに対応するブロックデータを求めよ.

キャッシュ

インデックス	タグ	データ
000		
001		
010		
011		
100		
101		
110		
111		

主記憶

ブロックアドレス	データ
00000011	blockA
00001100	blockB
00010000	blockC
00110111	blockD
01000101	blockE
01010010	blockF
10100110	blockG
11110001	blockH

3 4ウェイセットアソシアティブ方式のキャッシュにおいて,同じインデックスをもつタグが次ページの図に示す順に時刻0から順によばれるとする.タグは10進数で表示されている.

(1) 各セットのタグを図に記入せよ.ただし,入替え方式はLRU方式とし,セット0から保存せよ.

(2) 入れ替え回数を求めよ.

(3) セット0〜セット3まで埋まった後のアクセスにおけるキャッシュのミス率を分数で求めよ.

(4) キャッシュアクセスが1クロック,主記憶メモリアクセスが8クロックとしたとき,メモリの平均アクセス時間をクロック数で求めよ(小数第1位を四捨五入).

(5) 前問(4)の場合,キャッシュを導入することでメモリアクセス速度は何倍になったか.

時刻	タグ	セット0	セット1	セット2	セット3
0	8				
1	1				
2	5				
3	10				
4	10				
5	8				
6	10				
7	9				
8	7				
9	8				
10	6				
11	7				
12	5				
13	7				
14	10				
15	6				
16	9				
17	6				
18	7				
19	4				

第5章　EIT処理機構

5.1　EITの種類

　EITとは，Exception（例外），Interrupt（割り込み），Trap（トラップ）の総称である．EITが発生すると強制的に決められたアドレスに分岐し，EITに対応した処理が行われる．これらのうち例外は命令実行違反により発生するものであり，定義されていない命令を実行しようとした場合には命令例外，不正なアドレスを指定した場合にはアドレス例外が発生する．割り込みは外部のハードウエアによるものである．トラップはソフトウエア割り込みで，実行中のプログラム内にあるTRAP命令により実行される．

　EIT処理から元のプログラムに復帰する処理はEIT復帰命令（RTE：Return from EIT）により行われるが，図5.1に示すように，例外が生じた命令は復帰処理後に取り消され，割り込みとトラップが生じた命令は復帰処理後に元の命令に復帰し継続され完了される．

EIT種類	発生要因	EIT復帰命令	EIT処理後
例外	命令実行違反	RTE	命令取消
割り込み	外部ハードウエア	RTE	継続
トラップ	TRAP命令	RTE	継続

図5.1　EIT分類

5.2　EITベクタ・エントリ

　EITが発生すると，図3.18のCPUハードウエア図に示すプログラム・カウンタ（以下PC）の値など復帰に必要な情報を保存した後，EITの内容に応じてメモリ内の決められたアドレスに強制的に分岐し，そのアドレスに格納された分岐命令によりEIT処理プログラムに分岐し処理される．

　ここで，メモリ内でEITのために決められたアドレスをベクタ・アドレス，その領域を**EITベクタ・エントリ**とよび，EIT処理プログラムのことを**EITハンドラ**という．**図5.2**にEITベクタ・エントリの1例を示す．EIT名称や略号はM32R/Dユーザーズマニュアルを参考にした．図中ベクタ・アドレスやBRA命令のジャンプ先アドレスは，説明のための仮の値である．図中H'は16進数を表す．1例としてトラップ命令が実行される場合のプログラム制御の様子を**図5.3**に示す．

　実行中のプログラムでTRAP4命令が実行されると，実行中のプログラムの状態を表すプロセッサ・ステータス・ワード・レジスタ（**図5.4**）中のPSW領域をBPSW領域に保存し，TRAP4命令の次の命令が格納されているアドレスn＋1をBPCレジスタに保存した後，EITベクタ・エントリ

の決められたアドレス，すなわち図 5.2 に示すアドレス H'00009 に分岐する．

EIT 名称	略号	ベクタ・アドレス	内容
リセット割り込み	RI	H'00001	BRA　H'01000
システムブレーク割り込み	SBI	H'00002	BRA　H'02000
予約命令例外	RIE	H'00003	BRA　H'03000
アドレス例外	AE	H'00004	BRA　H'04000
トラップ	TRAP0	H'00005	BRA　H'05000
トラップ	TRAP1	H'00006	BRA　H'06000
トラップ	TRAP2	H'00007	BRA　H'07000
トラップ	TRAP3	H'00008	BRA　H'08000
トラップ	TRAP4	H'00009	BRA　H'09000
トラップ	TRAP5	H'0000A	BRA　H'0A000
トラップ	TRAP6	H'0000B	BRA　H'0B000
トラップ	TRAP7	H'0001C	BRA　H'0C000
外部割り込み	EI	H'0001D	BRA　H'0D000

図5.2　EITベクタ・エントリ

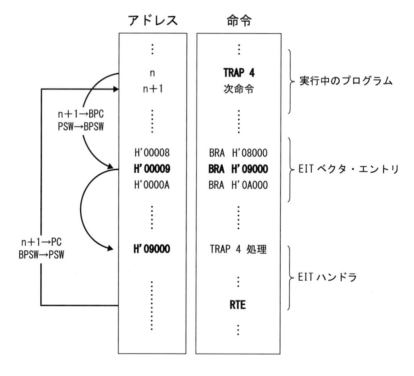

図5.3　命令メモリにおけるTRAP命令実行

　　アドレス H'00009 には BRA　H'09000 命令が格納されている．BRA 命令は，図3.1 で述べたよ
うにオペランドで指定されたアドレスに無条件ジャンプするので，この命令が実行されると，アド

レス H'09000 に飛ぶ. アドレス H'09000 以降には, TRAP 4 命令に対応する EIT ハンドラが格納
されており, 順に命令が取り出されて処理が行われる. ハンドラの最後には図 5.1 の EIT 復帰命令
（RTE）が置かれている. RTE 命令が実行されると, プログラム・カウンタ（PC）やプロセッサの
状態（PSW）が元に戻された後アドレス n ＋ 1 に分岐し, 元のプログラムに復帰する.

5.3 プロセッサ・ステータス・ワード・レジスタ

実行中のプロセッサの状態を記録しているレジスタを**プロセッサ・ステータス・ワード・レジス
タ**という. **図 5.4** にレジスタの例を示す（参考：M32R/D ユーザーズマニュアル）.
図において, C（Condition）は条件ビットで, 通常は 0 であるが, 演算結果で桁上げ（キャリー）,
桁下げ（ボロー）およびオーバーフロー（付録 A.3.5 項参照）が生じたときに 1 となる. IE（Interrupt
Enable）ビットは, 割り込み受付の可否を示すもので, 1 のとき割り込み受付可, 0 のとき割り込
み受付不可となる. 以上 2 ビットが PSW 領域である. BC, BIE は, それぞれ C, IE のバックアッ
プビットで, BPSW 領域である.

図 5.4　プロセッサ・ステータス・ワード・レジスタ

図 5.3 で, TRAP 4 命令を実行して EIT ベクタ・エントリに移行する際には, 図 5.4 のビット 6
～ ビット 0 までの PSW 領域が, ビット 14 ～ ビット 8 までの BPSW 領域に保存され, PSW 領域
は 0 にリセットされる. EIT ハンドラの最後にある RTE 命令が実行されると, BPSW 領域が PSW
領域に復元される.

5.4 スタック

5.2 節で述べたように, EIT の発生によりプログラム・カウンタやプロセッサ・ステータス・ワ
ード・レジスタの PSW 領域は, ハードウエアにより自動的に BPC レジスタや BPSW 領域にそれ
ぞれ保存されるが, それ以外に実行中のプログラムで使っていた汎用レジスタ（図 4.1 のレジスタ
・ファイルに属するレジスタ）なども保存する.
これを実現するために EIT ハンドラ処理の最初で汎用レジスタをメモリの決められた場所に格納
することになるが, この場所のことを**スタック**という. なおスタックには BPC レジスタやプロセ
ッサ・ステータス・ワード・レジスタも保存される. 以下スタックの構造について説明する.

5.4.1　スタックの伸張（プッシュ）

　スタックにデータを格納することを**プッシュ**という．データ A，データ B，データ C の順にスタックに格納する様子を**図 5.5** に示す．データ A がアドレス 199 に格納されるとすると，データ B はアドレス 198，データ C はアドレス 197 というようにデータが格納されるアドレスは降順になる．この降順アドレスを格納しているレジスタを**スタック・ポインタ**（SP）という．

　図 5.5 の例では，最初 SP=200 であったが，データ A を格納するときに SP が 1 だけ減算されデータ A は，アドレス 199 にストアされる（図 5.5（a））．データ B を格納するときには SP がさらに 1 だけ減算されデータ B はアドレス 198 にストアされる（図 5.5（b））．データ C を格納するときには SP がさらに 1 だけ減算されデータ C はアドレス 197 にストアされる（図 5.5（c））．

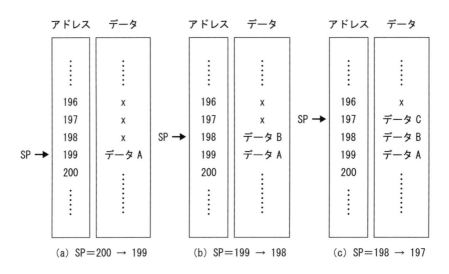

図 5.5　データ・メモリにおけるスタックのプッシュ操作

5.4.2　スタックの収縮（ポップ）

　スタックからデータを取り出すことを**ポップ**という．**図 5.6** に示すようにポップ操作は，プッシュ操作の逆になる．最初 SP=197 であるとすると，アドレス 197 のデータ C が読み出され，SP の値が 1 だけ増加し SP=198 になる（図 5.6（a）→ 図 5.6（b））．次にスタックからの読み出し要求があると，アドレス 198 からデータ B が読み出され，SP の値が 1 だけ増加し SP=199 になる（図 5.6（b）→ 図 5.6（c））．さらにスタックからの読み出し要求があると，アドレス 199 からデータ A が読み出され，SP の値が 1 だけ増加し SP=200 になる（図 5.6（c））．

　図 5.5 と図 5.6 より，スタックでは最後に入れたデータを最初に読み出すので，この方式は LIFO（Last In First Out）とよばれる．

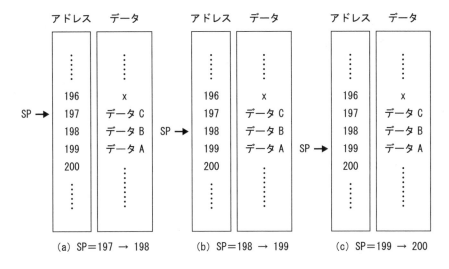

図 5.6　データ・メモリにおけるスタックのポップ操作

5.4.3　スタックを実現する命令

　一般の CPU ではスタックを実現する命令をサポートしている．スタック操作はメモリ−レジスタ間のデータのやり取りなので，図 2.4 の転送命令が適用される．スタックのプッシュ操作は，レジスタ → スタック領域（メモリ）への転送であるので，以下に示すようなストア命令が使われる．

　　　　ST R1,@−R15　　R15 の値を 1 だけ減算した後，R15 が指定するアドレスに R1 を格納．

　ポップ操作は，スタック領域（メモリ）→ レジスタへの転送であるので，以下に示すようなロード命令が使われる．

　　　　LD R1,@R15＋　　R15 が指定するアドレスの内容を R1 に転送し，R15 の値を 1 だけ加算．

　上記命令において，R15 がスタック・ポインタ（SP）になる．CPU ではスタック・ポインタとして使われるレジスタが決められており，図 2.4 の M32R では R15 がスタック・ポインタに割り当てられている．

　図 5.7 に EIT ハンドラ内でのスタック使用例を示す．最初に ST @ 命令を用いてレジスタをすべてスタックに退避してからハンドラ処理が行われ，処理が終了すると LD @ 命令を用いてスタックから復元される．最後に RTE 命令により元のプログラムに復帰する．

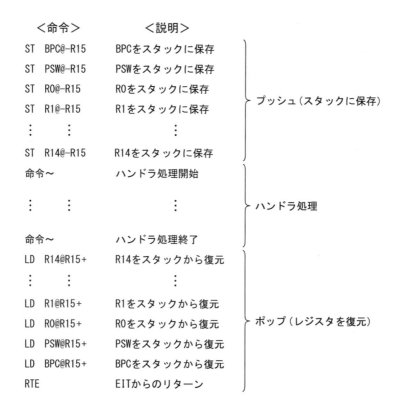

<table>
<tr><td><命令></td><td><説明></td><td></td></tr>
<tr><td>ST　BPC@-R15</td><td>BPCをスタックに保存</td><td rowspan="6">プッシュ（スタックに保存）</td></tr>
<tr><td>ST　PSW@-R15</td><td>PSWをスタックに保存</td></tr>
<tr><td>ST　R0@-R15</td><td>R0をスタックに保存</td></tr>
<tr><td>ST　R1@-R15</td><td>R1をスタックに保存</td></tr>
<tr><td>⋮　　⋮</td><td>⋮</td></tr>
<tr><td>ST　R14@-R15</td><td>R14をスタックに保存</td></tr>
<tr><td>命令～</td><td>ハンドラ処理開始</td><td rowspan="3">ハンドラ処理</td></tr>
<tr><td>⋮　　⋮</td><td>⋮</td></tr>
<tr><td>命令～</td><td>ハンドラ処理終了</td></tr>
<tr><td>LD　R14@R15+</td><td>R14をスタックから復元</td><td rowspan="6">ポップ（レジスタを復元）</td></tr>
<tr><td>⋮　　⋮</td><td>⋮</td></tr>
<tr><td>LD　R1@R15+</td><td>R1をスタックから復元</td></tr>
<tr><td>LD　R0@R15+</td><td>R0をスタックから復元</td></tr>
<tr><td>LD　PSW@R15+</td><td>PSWをスタックから復元</td></tr>
<tr><td>LD　BPC@R15+</td><td>BPCをスタックから復元</td></tr>
<tr><td>RTE</td><td>EITからのリターン</td><td></td></tr>
</table>

図5.7　EITハンドラにおけるプッシュとポップ

5.5　割り込みコントローラ

EIT のうち割り込み（Interrupt）は，複数の外部端子やプロセッサに内蔵された周辺回路から起動される．これらさまざまな割り込みを制御するために，割り込みコントローラが必要になる．以下では図5.2の外部割り込み（EI）に対する割り込み制御について述べる．外部割り込みの個数，すなわち割り込み要因数は 12 個とし，n 番目の割り込み要因を INTn とする．

5.5.1　割り込みコントローラ関連レジスタ

割り込みコントローラに用いられるレジスタを紹介する．ここで，レジスタのデータ幅を 16 ビットとする．

（1）割り込み制御レジスタ（Interrupt Control Register：ICR）

複数の割り込みが同時に入ったとき，すべての割り込みを同時に受け付けることはできないので，優先順位をつけて割り込みを制御する必要がある．このため割り込み制御レジスタを導入する．割り込み制御レジスタは，割り込み要因に対応して 12 個存在する．**図5.8**に割り込み制御レジスタの例を示す．

REQ（ビット 15）は，割り込み要因が割り込み要求を出した場合 1 にセットされる．I_RANK：Interrupt Ranking（ビット 2〜ビット 0）は割り込み要因に対して定義された割り込み優先レベル

で，0 ～ 7 までの 8 つのレベルを設定できる．優先度は，割り込み優先レベル 0 が最も高く，割り込み優先レベル 7 が最も低いとする．したがって，複数の外部割り込みが同時に起きた場合，I_RANK 値の小さい方が割り込み候補として選択され，I_RANK 値の大きい方は待ち状態になる．ビット 14 ～ ビット 3 は未使用領域で 0 とする．

15	14	13	12	11	10	9	8	7	6	5	4	3	2	1	0
REQ	0	0	0	0	0	0	0	0	0	0	0	0	I_RANK		

図 5.8　割り込み制御レジスタ（ICR）

（2）割り込みマスク・レジスタ（Interrupt Mask Register：IMR）

プログラムの実行中に割り込みが入ると困るときがある．そのときには割り込み受付を不可にしたい．しかし割り込みの中にも自身のプログラムよりも重要なものがあり，そういう割り込みが入った場合には割り込みを許可したい．そこで柔軟に割り込み受付を制御するために割り込みマスク・レジスタを導入する．図 5.9 に割り込みマスク・レジスタの例を示す．

I_MASK：Interrupt Mask（ビット 2 ～ ビット 0）は，マスクのレベルで，0 ～ 7 までの 8 種類の割り込みマスクを設定できる．

15	14	13	12	11	10	9	8	7	6	5	4	3	2	1	0
0	0	0	0	0	0	0	0	0	0	0	0	0	I_MASK		

図 5.9　割り込みマスク・レジスタ（IMR）

図 5.10 に I_MASK と I_RANK の関係を示す．I_MASK=0 のとき，割り込みは完全にマスクされ割り込み禁止状態となる．I_MASK 値が増加すると，受け付け可能な割り込み優先レベルが増加する．たとえば，I_MASK=3 のとき，I_RANK=0，1，2 のレベルを受け付けるので，外部割り込みが受け付けられる条件は，I_RANK < I_MASK となる．逆に I_RANK ≧ I_MASK のときに外部割り込みは待ち状態になる．

I_RANK=7（割り込み優先レベル 7）の場合，I_MASK=7 であっても I_RANK ≧ I_MASK が成立し外部割り込みは待ち状態となるので，割り込み優先レベル 7 の割り込みは割り込み禁止である．

RANK/MASK 値	I_RANK		I_MASK
0	割り引み優先レベル 0	最高	割り込み禁止
1	割り引み優先レベル 1	↑	割り込み優先レベル 0 受付可能
2	割り引み優先レベル 2		割り込み優先レベル 0 ～ 1 受付可能
3	割り引み優先レベル 3		割り込み優先レベル 0 ～ 2 受付可能
4	割り引み優先レベル 4		割り込み優先レベル 0 ～ 3 受付可能
5	割り引み優先レベル 5		割り込み優先レベル 0 ～ 4 受付可能
6	割り引み優先レベル 6	↓	割り込み優先レベル 0 ～ 5 受付可能
7	割り引み優先レベル 7	最低	割り込み優先レベル 0 ～ 6 受付可能

図 5.10　I_RANK と I_MASK の内容

（3）　割り込みステータス・レジスタ（Interrupt Status Register：ISR）

　割り込みが受け付けられたとき，図5.3に示すようにEITハンドラが実行されるが，その際に12個の割り込み要因のうち，どの要因からの割り込みかを特定できなければならない．また割り込み側からみたときに，割り込み可能な優先レベルがわからなければならない．そこで，割り込み要求のあった割り込み要因とマスク・レベルを格納する割り込みステータス・レジスタを導入する．図5.11に割り込みステータス・レジスタの例を示す．

15	14	13	12	11	10	9	8	7	6	5	4	3	2	1	0
I_NUM				0	0	0	0	0	0	0	0	0	E_MASK		

図5.11　割り込みステータス・レジスタ（ISR）

　I_NUM：Interrupt Number（ビット15 ～ ビット12）は，割り込み要因で外部割り込み INTn（n=1, 2, ～ 12）の番号である．I_NUM=0000 のとき割り込み要求なしとし，割り込み要因は，外部割り込みが受け付けられたときに設定される．図5.12 に I_NUM と外部割り込みの関係を示す．

　E_MASK（ビット2 ～ ビット0）は，外部割り込みが受け付けられる前の割り込みマスク値を示す．

I_NUM	外部割り込み
0000	割り込みなし
0001	INT1
0010	INT2
0011	INT3
0100	INT4
0101	INT5
0110	INT6
0111	INT7
1000	INT8
1001	INT9
1010	INT10
1011	INT11
1100	INT12

図5.12　外部割り込みと割り込み番号（I_NUM）

5.5.2　割り込みコントローラの動作

　図5.13 に割り込みコントローラの動作の概略を示す．複数の割り込みが入った場合，図における①～⑭までの操作が繰り返される．以下番号順に説明する．最初に図5.4 の PSW レジスタの IE ビットは 1 であり，CPU は割り込み許可状態にあるとする．

　①図において，INT3，INT6，INT8 の外部割り込みが入ったと仮定すると，これらの割り込み制御レジスタ ICR3，ICR6，ICR8 の割り込み要求ビット REQ には 1 が立つ．

　②各割り込みの間で優先レベル I_RANK が比較される．比較の結果，ICR6 の I_RANK が最も小さいので INT6 が選ばれ，INT3 と INT8 は待ち状態となる．

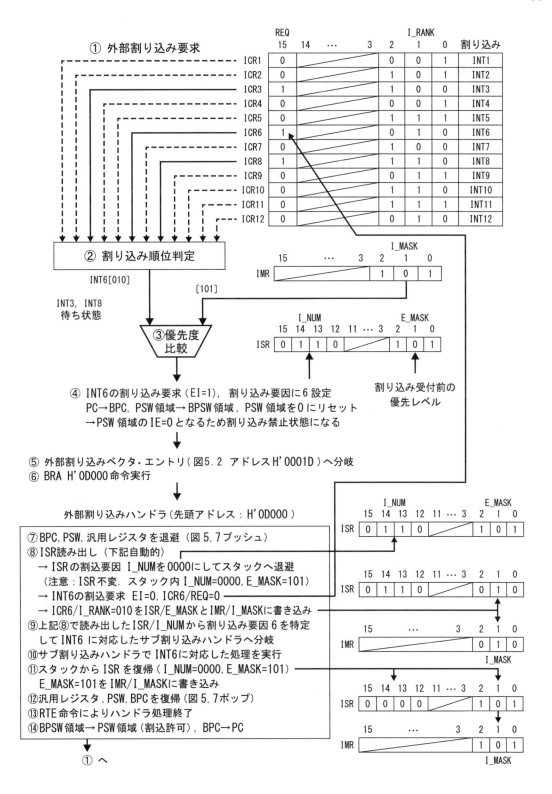

図 5.13　割り込みコントローラの動作

③次に現在実行中のタスクに対する割り込みマスク・レジスタ IMR のマスク・レベル I_MASK と I_RANK が比較される．I_RANK=010 で I_MASK=101 より I_RANK ＜ I_MASK が成立し，INT6 が選択される．

④ INT6 の割り込みが発生したので CPU に対して割り込み要求（EI=1）を行い，割り込みステータス・レジスタ ISR の割り込み要因ビット I_NUM に 6 が書き込まれ，PC は BPC に，図 5.4 の PSW レジスタの PSW 領域は BPSW 領域に退避され，PSW 領域は 0 にリセットされる．このとき PSW 領域の IE=0 となるので CPU への割り込みは禁止となる．

⑤その後，5.2 節で述べたように外部割り込みベクタ・エントリ（図 5.2 アドレス H'0001D）へ分岐する．

⑥ BRA H'0D000 命令が実行され，外部割り込みハンドラに分岐する．

⑦外部割り込みハンドラの最初で，図 5.7 のプッシュ操作に示すように BPC，PSW，汎用レジスタをスタックに退避する．

⑧ ISR を読み出す．このときの ISR の I_NUM=0110，E_MASK=101 であるが，これをスタックに保存するときに I_NUM 部分を 0000 に変更して ISR を保存する．ここで ISR はそのままであることに注意．同時に INT6 の CPU への割り込み要求 EI=0 にリセットし，ICR6 の REQ=0 に，IMR の I_MASK と ISR の E_MASK に ICR6 の優先レベル I_RANK=010 をそれぞれ書き込む．

⑨上記で読み出した ISR の I_NUM から割り込み要因 6 を特定し，INT6 に対応したサブ割り込みハンドラへ分岐する．

⑩サブ割り込みハンドラで INT6 に対応した割り込み処理を実行する．

⑪ INT6 の処理が終了すると，スタックから ISR を復帰させる．ISR の I_NUM は 0000 に変えられており，E_MASK は元のタスクの優先レベルである 101 である．このマスク値 E_MASK=101 を IMR の I_MASK に書き込むことにより，IMR の値を INT6 の割り込みがかかる前の状態に戻す．

⑫図 5.7 のポップ操作に示すようにスタックから汎用レジスタ，PSW，BPC を復元する．

⑬ RTE 命令を実行し，外部割り込みハンドラを終了する．

⑭ PSW レジスタ内で BPSW 領域を PSW 領域に戻し，BPC を PC に戻す．戻された PSW 領域の IE=1 であるので，この時点で CPU への外部割り込みは許可される．INT3 と INT8 が外部割り込みを要求しているので，元のタスクに戻らず①の外部割り込み要求が行われる．② INT3 の優先レベル ICR3/I_RANK=100，INT8 の優先レベル ICR8/I_RANK=110 より INT3 が選ばれる．③ ICR3/I_RANK=100 と I_IMR/I_MASK=101 が比較され，I_RANK ＜ I_MASK が成立するので INT3 の割り込みが成立し，④以降の処理が行われる．

演習問題5

1　命令長およびアドレス幅が32ビットで,アドレスがバイト単位のCPUにおいて,TRAP命令実行時にBPC値だけをスタックに保存する.スタックポインタの初期値が300であるとして以下の問に答えよ.なお,数値はすべて10進数とする.

（1）プログラムを命令メモリのアドレス3000から実行したとき,メモリ中のスタックの内容をスタック内容推移表に記入せよ.メモリ・アドレス欄にはスタックポインタに保存されるアドレスを記入し,実行命令欄にはプログラムの進行とともに実行したTRAPnまたはRTEを左から順に記入し,その下に各命令実行時にメモリ・アドレスに格納されるスタックの内容を記入せよ.

（2）上記（1）の場合,スタックポインタの値をスタックポインタ推移表に上から順に記入せよ.

スタック内容推移

メモリ・アドレス	実行命令 (TRAP/RTE)						
	TRAP4						
:	:	:	:	:	:	:	:
300							

スタックポインタ推移

300

プログラム

アドレス	命令
:	
3000	TRAP 4
:	
4000	LD R1, @(30, R3)
:	
4200	TRAP 5
:	
4500	RTE
:	
5000	OR R6, R5
:	
5400	TRAP 3
:	
5600	RTE
:	
6000	LDI R2, 40
:	
6300	RTE

EITベクタエントリ

略号	ベクタアドレス	内容
TRAP0	00100	BRA 01000
TRAP1	00104	BRA 02000
TRAP2	00108	BRA 03000
TRAP3	00112	BRA 04000
TRAP4	00116	BRA 05000
TRAP5	00120	BRA 06000
TRAP6	00124	BRA 07000
TRAP7	00128	BRA 08000
EI	00132	BRA 09000

2　割り込み優先レベル6のタスクが実行されていたとする. そこに優先レベル5のINT4と優先レベル2のINT7の外部割り込みが入ったとき, 割り込み制御レジスタ(ICR4, ICR7), 割り込みマスク・レジスタ(IMR)および割り込みステータス・レジスタ(ISR)の各領域がイベントとともにどのように変化していくかを図5.13を参考にして下表に示せ. ただし変化した領域だけを記入せよ.

EI	ICR4				ICR7				IMR			ISR						
	REQ	I_RANK			REQ	I_RANK			I_MASK			I_NUM				E_MASK		
	15	2	1	0	15	2	1	0	2	1	0	15	14	13	12	2	1	0
0	×	×	×	×	×	×	×	×	1	1	0	0	0	0	0	1	1	0

第6章　CPU設計技術

本章では CPU のハードウエア設計技術について解説する．CPU の名称を CPU_A とする．**図6.1** に CPU_A の仕様を示す．命令長およびデータ幅はともに 16 ビットであるので，CPU_A は 16 ビット CPU である．

項　目	ビット数
命令長	16 ビット（固定）
命令メモリアドレス幅	4 ビット
データ幅	16 ビット
オペコード領域	4 ビット
レジスタ領域	4 ビット

図 6.1　CPU_Aの仕様

図6.2 に NOP 命令以外の CPU_A の命令セットを示す．図 6.2 の命令は，図 3.1 の命令セットから ADD, SUB, AND, OR, LDI を抜き出したものであり，命令機能の詳細は 3.1.1 項で説明している．

種　類	命　令		命令機能
演算	ADD	Rdest Rsrc	Rdest ← Rdest + Rsrc
	SUB	Rdest Rsrc	Rdest ← Rdest − Rsrc
	AND	Rdest Rsrc	Rdest ← Rdest & Rsrc
	OR	Rdest Rsrc	Rdest ← Rdest | Rsrc
転送	LDI	Rdest imm9	Rdest ← $(imm9)_{16}$

図 6.2　CPU_Aの命令セット

図6.3 に図 6.1 の仕様と図 6.2 の命令セットに基づく命令フォーマットを示す．オペコードは 4 ビットであるので，2 進数 0000 から 1111 までの値をとることができる．したがって，最大命令数は 16 個である．オペランド部のビット分割方式の違いにより命令セットを A 形式と B 形式に分類している．図 6.3 において，dest や src は付録 C.4 節のレジスタ・ファイル内のレジスタ番号で，dest はデスティネーション・レジスタ番号，src はソース・レジスタ番号である．dest および src 領域は 4 ビットなので，2 進数 0000 から 1111 までの値をとりうる．したがって Rdest や Rsrc は，R0 から R15 までの 16 個のレジスタのいずれかである．B 形式における即値領域は 8 ビットなので，負数の最大値 −128（1000_000）から正数の最大値 127（0111_1111）を指定することができる．A 形式におけるビット 3 〜 ビット 0 は使用しないのですべて 0 とした．

なお，レジスタ番号や即値は一例であり，Rdest は R2，Rsrc は R1，即値は 10 進数の 20 としたので，オペランド部において dest には 0010（2 進数）が，src には 0001（2 進数）が，即値には 0001_0100（2 進数）がそれぞれ与えられている．

A 形式

命令表記	15	14	13	12	11	10	9	8	7	6	5	4	3	2	1	0
	オペコード				dest				src				0			
NOP	0	0	0	0	0	0	0	0	0	0	0	0	0	0	0	0
ADD R2 R1	0	0	0	1	0	0	1	0	0	0	0	1	0	0	0	0
SUB R2 R1	0	0	1	0	0	0	1	0	0	0	0	1	0	0	0	0
AND R2 R1	0	0	1	1	0	0	1	0	0	0	0	1	0	0	0	0
OR R2 R1	0	1	0	0	0	0	1	0	0	0	0	1	0	0	0	0

B 形式

命令表記	15	14	13	12	11	10	9	8	7	6	5	4	3	2	1	0
	オペコード				dest				即値							
LDI R2 20	0	1	1	1	0	0	1	0	0	0	0	1	0	1	0	0

図 6.3　CPU_Aの命令フォーマット

6.1　CPU_A の全体回路

　3.2 節の命令別ハードウエアから CPU_A に必要な回路を抽出する．3.2.1 項の図 3.4 の下図に示す命令フェッチ回路は命令の取り出し回路なので，すべての命令で必要になる．ADD，SUB，AND，OR 命令は演算命令なので，3.2.2 項の図 3.5 に示す回路である．また LDI 命令を実現する回路は 3.2.3 項（3）の図 3.8 である．これら 3 つの回路を統合すれば，CPU_A の回路を得ることができる．

　図 6.4 は，図 3.5 の演算命令用ハードウエアで，レジスタ番号を 4 ビットに変更し，Rdest の読み出しと Rdest の書き込みを分けて描いた回路図である．これらのレジスタ番号 dest は共通である．また ALU 演算を選択する 2 ビットの信号を alucnt とした．

　図 6.5 は，図 6.4 と比較するために，図 3.8 の LDI 命令用回路で，レジスタ番号を 4 ビットに変更し，Rdest の書き込みを下に移動した図である．

　両回路の共通点は，最後に Rdest に書き込むことである．図 6.4 では ALU 出力を書き込み，図 6.5 では符号拡張出力を書き込む．そこで Rdest への書き込み前にセレクタを設けて命令解読器からの信号により選択させる．

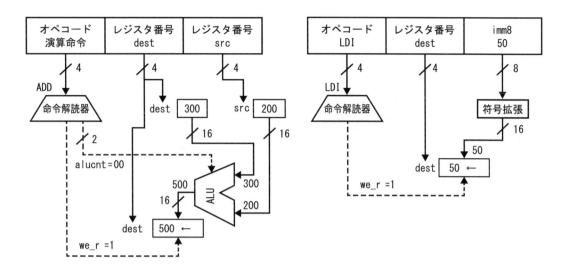

図 6.4　演算命令を実現するハードウエア　　　図 6.5　LDI命令を実現するハードウエア

図 6.4 と図 6.5 をセレクタで統合し，その上に図 3.4 下図の命令フェッチ回路を配置した CPU_
A 回路を**図 6.6** に示す．ただし図 6.1 で命令メモリアドレス幅が 4 ビットなので図 3.4 の命令フェ
ッチ回路のアドレス幅 16 ビットは 4 ビットに変更されている．図において，［Rdest 読出］は
Rdest の読み出し部を，［Rsrc 読出］は Rsrc の読み出し部を，［Rdest 書込］は Rdest の書き込み部
を示す．

図 6.6 の破線部の命令フォーマットは，命令メモリからの inst 信号の内容を表している．命令
解読器からの制御信号（破線）は，2 ビットの alucnt，1 ビットの sel と we である．

図 6.7 に各命令と制御信号の関係を示す．alucnt は 3.2.2 項の alu で，ALU での ADD，SUB，
AND，OR の演算を alucnt=00, 01, 10, 11 の 2 ビットで指定する．we は 3.2.2 項および 3.2.3 項
の we_r でレジスタへの書き込み許可である．sel はセレクタの制御線で，演算命令：sel=0，LDI
命令：sel=1 とする．NOP 命令は何もしないので，すべての制御線は 0 になる．

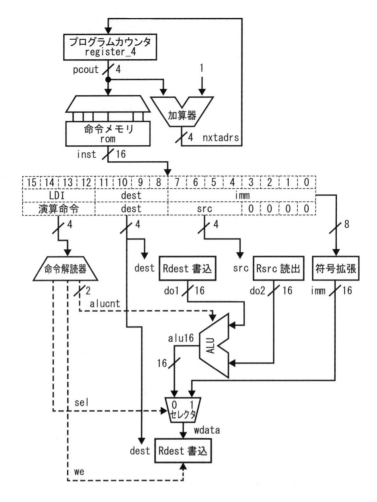

図6.6　CPU_A回路図

ニーモニック	ADD	SUB	AND	OR	LDI	NOP
オペコード	0001	0010	0011	0100	0111	0000
alucnt	00	01	10	11	00	00
sel	0	0	0	0	1	0
we	1	1	1	1	1	0

図6.7　命令と制御信号の関係

6.2　CPU_A回路のパイプライン化

　図6.2に示すCPU_Aの命令セットには，LD命令やST命令が含まれていないので，データ・メモリを必要としない．したがって，3.6節で述べたIF, ID, EX, MA, WBの5つのステージのうち，MAステージは存在しないので，CPU処理をIF, ID, EX, WBからなる4ステージに分割してパイ

プライン化する.

図 6.8 に CPU_A のパイプラインを示す. 図において, IF レジスタ, ID レジスタ, EX レジスタ, WB レジスタはパイプライン・レジスタである. 以下では図 6.6 を図 6.8 のようにパイプライン化することにより CPU_A を設計する.

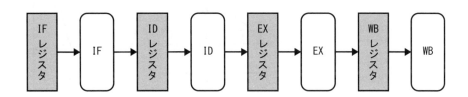

図 6.8　CPU_Aのパイプライン

IF ステージでは命令を取り出すので, 図 6.6 のプログラム・カウンタ, 命令メモリ, 加算器により IF ステージを構成する. ID ステージでは命令を解読するとともに EX ステージで使われるデータを準備するので, 図 6.6 の命令解読器, [Rdest 読出] と [Rsrc 読出], 符号拡張器により ID ステージを構成する. EX ステージでは演算が実行されるので, 図 6.6 の ALU とセレクタで EX ステージを構成する. WB ステージでは Rdest にデータを書き込むので, [Rdest 書込] のみで WB ステージを構成する.

図 6.9 に図 6.6 の CPU_A 回路を図 6.8 のようにレジスタでパイプライン化した回路を示す. 図において, IF ステージのプログラム・カウンタは, 図 6.8 の IF レジスタである. また ID ステージの命令レジスタは, 図 6.8 の ID レジスタである. EX レジスタは, 1 つではなく 3 個の 16 ビット・レジスタ, 4 ビット・レジスタ, 2 ビット・レジスタおよび 2 個の 1 ビット・レジスタからなるが, 図では一まとめに描かれている. WB レジスタも 16 ビット・レジスタ, 4 ビット・レジスタおよび 1 ビット・レジスタからなる.

パイプラインレジスタの左辺にある▷および○は, それぞれ図 C.6 の CLK（clk）端子および RESET（rst）端子である. clk と rst は全レジスタに配線されているが, 図が複雑になるので配線は省略されている.

レジスタ・ファイルは, [Rdest 書込], [Rdest 読出] そして [Rsrc 読出] から構成されるが, [Rdest 読出] と [Rsrc 読出] は ID ステージで動作し, [Rdest 書込] は WB ステージで動作する.

このようにパイプライン分割された回路は, 3.6.1 項で述べたように, クロック入力時にレジスタがデータを受け入れ, 次のクロックまでの間にステージ分割された処理を行い, 次のレジスタにデータを転送する. このような回路方式を**レジスタ転送レベル**（Register Transfer Level：RTL）という. パイプラインは RTL 方式の 1 つである.

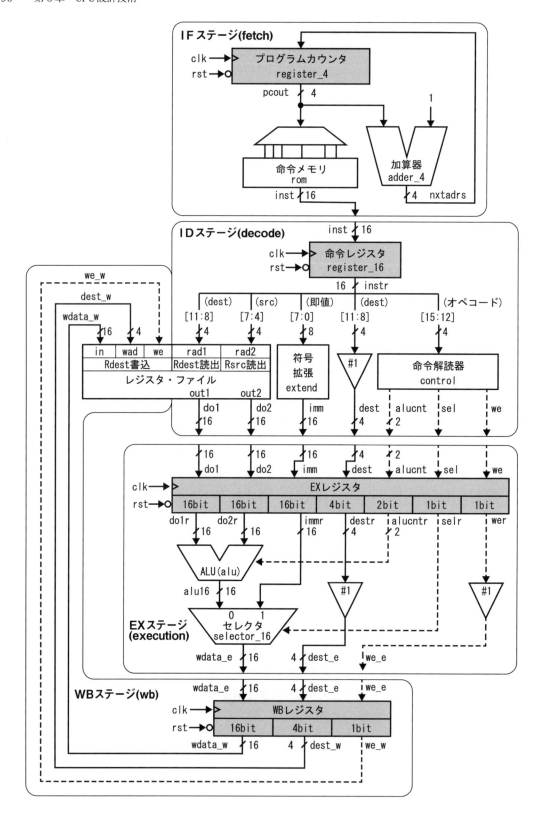

図6.9　パイプライン化されたCPU_A回路図

6.3 CPU_A 回路の HDL 記述

本節では図 6.9 の CPU_A 回路を構成する各 RTL 回路を IF ステージから順にハードウエア記述言語で記述することでハードウエア化する.

ハードウエア記述言語として Verilog HDL を用いる. RTL 回路の Verilog HDL 記述に関する基礎は付録 D に記載されているので, 本節を学ぶ前に付録 D を理解している必要がある.

6.3.1 IFステージ

（1）4ビット加算器

1）4ビット加算器の機能とHDL記述

4 ビットの 2 数（2 進数）を加算し, 結果を 4 ビットの 2 進数で出力する回路である. したがって, 加算結果の最上位での桁上げは無視する.

図 6.10 に 4 ビット加算器シンボルを示す. 図において ina と inb は 4 ビットの入力, out は 4 ビットの出力である.

図 6.11 に 4 ビット加算器のタイミングを示す. 図において, 時刻は 10 進数, ina, inb, out は 2 進数である. 各入力から出力への遅延時間を 1 とした.

時刻 0：ina=1111, inb=0001 を入力.
時刻 1：out=ina+inb=1111+0001=0000.
時刻 100：ina=0101, inb=0110 を入力.
時刻 101：out=ina+inb=0101+0110=1011.

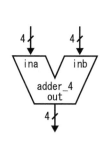
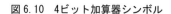

図 6.10　4ビット加算器シンボル

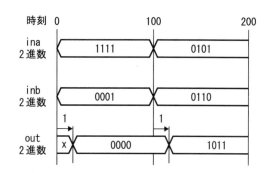

図 6.11　4ビット加算器タイミング

図 6.12 に図 6.10 および図 6.11 を満たす 4 ビット加算器の HDL 記述（ファイル名：adder_4.v）を示す.

1	module adder_4 (ina, inb, out);
2	input [3:0]　　　ina, inb;
3	output [3:0]　　out;
4	reg [3:0]　　　　out;
5	always @ (ina or inb) begin
6	out <= #1 ina+inb;
7	end
8	endmodule

図6.12　4ビット加算器のHDL記述（ファイル名：adder_4.v）

図の各行を説明する．ただし付録Dで説明済みの内容は省略する．

1行目：4ビット加算器のmodule名をadder_4とした．（ ）内は入力と出力である．

2行目：ina[3:0]の各ビット値は，ina[3]，ina[2]，ina[1]，ina[0]である．inbも同様．

3行目：out[3:0]の各ビット値は，out[3]，out[2]，out[1]，out[0]である．

5行目：図6.11に示すようにinaまたはinbが変化するとき，outが変化したのでイベントリストはinaとinbである．

6行目：out <= #1 ina+inb;は，inaとinbの和を時間1だけ遅らせて出力することを示す．always文中におけるoutへの代入には，等号として式の順序に影響されないノンブロッキング代入 <= を用いる．

コメント：加算器のように全入力に対して回路動作する場合，always文の代わりにassign文を用いて，assign #1 out=ina+inb;として後述するIFステージのHDLに含めてもよい．

2）4ビット加算器のテストベンチ

図6.13に4ビット加算器のテストベンチ構成図を示す．図においてテストベンチのmodule名は，test_adder_4であり，adder_4という回路を内蔵しており，adder_4の入出力ポート名とtest_adder_4の信号名が一致している．

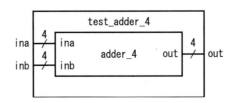

図6.13　4ビット加算器テストベンチ構成図

図 **6.14** に 4 ビット加算器のテストベンチを示す.

1	`include "adder_4.v"
2	module test_adder_4;
3	reg [3:0] ina, inb;
4	wire [3:0] out;
5	adder_4 i0 (.ina(ina),.inb(inb),.out(out));
6	initial begin
7	#0 ina=4'b1111;inb=4'b0001;
8	#100 ina=4'b0101;inb=4'b0110;
9	#100
10	$finish(2);
11	end
12	initial begin
13	$monitor($time, ,"ina= %b inb=%b out=%b", ina,inb,out);
14	$dumpfile("adder_4.vcd");
15	$dumpvars(0,test_adder_4);
16	end
17	endmodule

図6.14　4ビット加算器テストベンチ（ファイル名：test_adder_4.v）

図の各行を説明する. ただし付録 D で説明済みの内容は省略する.

1 行目：include の前の「`」は，キーボードの [shift]+@ で，[shift]+7 ではない.
5 行目：図 6.13 に従い，`include 文で入力した module である adder_4 を i0 という名前でインスタンス(実体回路)として配置する.インスタンス名は他と重ならなければ何でも良い.
7 行目〜 9 行目：図 6.11 に従って，ina と inb にデータを代入する.

図 **6.15** は，図 6.14 のテストベンチを実行したシミュレーション結果である. この結果は，図 6.11 の 4 ビット加算器タイミングと一致している.

時刻	ina	inb	out
0	1111	0001	xxxx
1	1111	0001	0000
100	0101	0110	0000
101	0101	0110	1011

図6.15　4ビット加算器のシミュレーション結果（ファイル名：result_adder_4.txt）

(2) 4ビット・レジスタ（プログラム・カウンタ）

1) 4ビット・レジスタの機能とHDL記述

図 6.9 の IF ステージにあるプログラム・カウンタは，4 ビット・レジスタである．**図 6.16** に 4 ビット・レジスタのシンボルを示す．図において，in は 4 ビットの入力，out は 4 ビットの出力である．C.2 節で述べたように clk が 0 → 1 に立ち上がる時にクロック動作し，rst が 0 になるときにリセット動作する．

図 6.17 に 4 ビット・レジスタのタイミングを示す．図において，時刻は 10 進数，rst, clk は 1 ビットの波形，in, out は 2 進数である．各入力から出力への遅延時間を 1 とした．

時刻 0：rst=↓でリセット入力．clk=↓. in=1111 入力．

時刻 1：out=0000.

時刻 100：rst=↑でリセット解除．clk=↑. 時刻 0 で入力した in=1111 が書き込まれる．

時刻 101：out=1111.

時刻 200：clk=↓, in=1010 入力．

時刻 300：clk=↑. 時刻 200 で入力した in=1010 が書き込まれる．

時刻 301：out=1010.

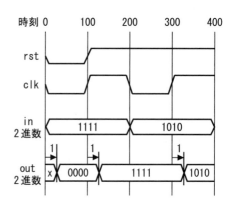

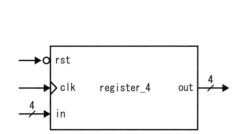

図 6.16　4ビット・レジスタのシンボル　　　　図 6.17　4ビット・レジスタ・タイミング

すなわち，4 ビット・レジスタは，rst=↓か clk=↑のときに動作し，in の変化では動作しない．**図 6.18** に図 6.16 および図 6.17 を満たす 4 ビット・レジスタの HDL 記述（ファイル名：register_4.v）を示す．図の各行を説明する．ただし付録 D や既出構文で説明済みの内容は省略する．

6行目：図6.17で，rst=↓のとき，またはclk=↑のときに出力outが変化したのでnegedge rstとposedge clkをorで区切ってイベントリストに記述する．図6.17でinの変化に対してoutは変化しなかったのでinをイベントリストに記述しない．

7行目：if（!rst）文は，!rst=1のとき実行される．!は反転を示す．したがってrst=0のときout <= #1 4'b0000;が実行される．if（rst==0）と記述してもよい．

8行目：else以降は!rst=0（rst=1）でかつclk=↑のときに実行される．out <= #1 in;は，inにあるデータを時刻1だけ遅らせて出力することを示す．

コメント：完全クロック同期の場合イベントリストはposedge clkだけになるが，negedge rstもイベントリストに含まれているので，rstはclkの規制を受けない非同期になる．したがって，register_4は「非同期リセット付4ビット同期レジスタ」である．

1	module register_4 (rst, clk, in, out);
2	input rst, clk;
3	input [3:0] in;
4	output [3:0] out;
5	reg [3:0] out;
6	always @ (negedge rst or posedge clk) begin
7	if(!rst) out <= #1 4'b0000;
8	else out <= #1 in;
9	end
10	endmodule

図6.18　4ビット・レジスタのHDL記述（ファイル名：register_4.v）

2）4ビット・レジスタのテストベンチ

図6.19に4ビット・レジスタのテストベンチ構成図を示す．図においてテストベンチのmodule名は，test_register_4であり，register_4という回路を内蔵しており，register_4の入出力ポート名とtest_register_4の信号名が一致している．

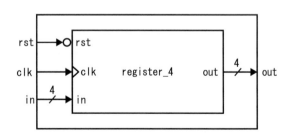

図6.19　4ビット・レジスタのテストベンチ構成図

　図6.20 に4ビット・レジスタのテストベンチを示す．図の各行を説明する．ただし，付録Dや既出構文で説明済みの内容は省略する．

　6行目：図6.19に従い，register_4にi0という実体回路名を付けて配置・配線している．

　8行目〜9行目：各入力へは図6.17のタイミングに従って信号を入力している．また同じ行に実行遅延時間 (#100) が指定された信号も記載されているが，実行順序は行内が優先である．最後の #100 は，その前の clk=1 による出力変化を確認するために必要である．

1	`` `include "register_4.v" ``
2	module test_register_4;
3	reg　　　　rst,clk;
4	reg [3:0]　in;
5	wire [3:0]　out;
6	register_4 i0 (.rst(rst),.clk(clk),.in(in),.out(out));
7	initial begin
8	#0　　rst=0; clk=0; in=4'b1111; #100 rst=1; clk=1;
9	#100 clk=0; in=4'b1010;　　　　#100 clk=1; #100
10	$finish(2);
11	end
12	initial begin
13	$monitor($time, ,"rst=%b clk=%b in=%b out=%b",rst,clk,in,out);
14	$dumpfile("register_4.vcd");
15	$dumpvars(0, test_register_4);
16	end
17	endmodule

図 6.20　4ビット・レジスタのテストベンチ（ファイル名：test_register_4.v）

　図6.21 は，図6.20のテストベンチを実行したシミュレーション結果である．この結果は，図6.17の4ビット・レジスタ・タイミングと一致している．図6.20の9行目最後の #100 がなければ時間301における out の信号変化を確認できない．

時刻	rst	clk	in	out
0	0	0	1111	xxxx
1	0	0	1111	0000
100	1	1	1111	0000
101	1	1	1111	1111
200	1	0	1010	1111
300	1	1	1010	1111
301	1	1	1010	1010

図 6.21　4ビット・レジスタのシミュレーション結果（ファイル名：result_register_4.txt）

（3）ROM（命令メモリ）

1）ROMの機能とHDL記述

CPU_A の命令メモリを ROM（読み出し専用メモリ）とした．各アドレスに命令が保存されているので，図 6.8 の IF レジスタからアドレスを与えられると，そのアドレスに存在する命令が発行され ID ステージに出力される．

アドレス（adrs）0 ～ 7 に保存されている命令を**図 6.22** に示す．例として adrs=0100 と 0001 の命令を 2 進数表示する方法を説明する．

アドレス adrs	命令表記	2進数表示	16進数cmnd	命令実行結果
0000	LDI R1 15	0111_0001_0000_1111	710F	R1=15=000F（符号拡張）
0001	LDI R2 -90	0111_0010_1010_0110	72A6	R2=-90=FFA6（符号拡張）
0010	LDI R3 100	0111_0011_0110_0100	7364	R3=64=0064（64符号拡張）
0011	SUB R2 R1	0010_0010_0001_0000	2210	R2=-90-15=-105=FF97
0100	ADD R1 R3	0001_0001_0011_0000	1130	R1=15+100=115=0073
0101	AND R3 R2	0011_0011_0010_0000	3320	R3=0064&FF97=0004
0110	OR R2 R1	0100_0010_0001_0000	4210	R2=FF97|0073=FFF7
0111	NOP	0000_0000_0000_0000	0000	R0～R15は更新されない

図 6.22　ROMの内容

adrs=0100 の ADD R3 R2 命令は，図 6.3 から ADD：オペコード=0001，R3：dest=0011，R2：src=0010 となるので 0 領域を加えて，命令の 2 進数表示は 0001_0011_0010_0000，16 進数表示は 1320 となる．

adrs=0001 の LDI R2 -90 の命令は，図 6.3 から LDI：オペコード=0111，R2：dest=0010 となる．即値 -90 は付録 A の練習 A.3.3 より 1010_0110 となるので命令の 2 進数表示は 0111_0010_1010_0110，16 進数表示は 72A6 となる．

命令実行結果は，図 6.8 の ID ステージから 3clk 後に WB ステージで各レジスタに書き込まれる．LDI 命令では 8 ビットの即値が 16 ビットに符号拡張（付録 A.3.4 項参照）されている．AND と OR の命令実行結果はすべて 16 ビットの 16 進数である．それ以外の命令実行結果において，右辺以外は 10 進数である．NOP は何もしない命令なので，レジスタ R0 ～ R15 は更新されない．

図 6.23 に ROM シンボルを示す．図において adrs は 4 ビットのアドレス入力，cmnd は 16 ビットの命令出力である．

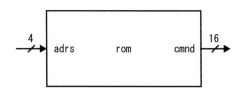

図 6.23　ROMシンボル

図 **6.24** に ROM のタイミングを示す．図において，時刻は 10 進数，adrs は 2 進数，cmnd は 16 進数である．各入力から出力への遅延時間を 1 とした．

時刻 0：adrs=0000 を入力．
時刻 1：cmnd=710F.
時刻 100：adrs=0001 を入力
時刻 101：cmnd=72A6.

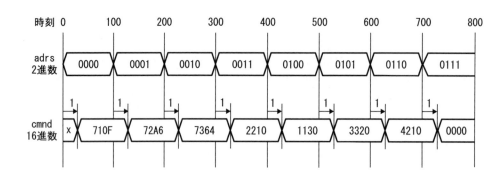

図 6.24　ROMタイミング

以降，時間 100 ごとに adrs が 1 ずつ増加するので，図 6.22 の命令が adrs の昇順に時間 1 遅れて cmnd に出力される．時刻 700 で最後のアドレス 7 が入力され時間 1 遅れて NOP 命令が出力される．

図 **6.25** に図 6.22 〜 図 6.24 を満たす ROM の HDL 記述（ファイル名：rom.v）を示す．図の各行を説明する．ただし付録 D や既出構文で説明済みの内容は省略する．

5 行目：図 6.23 に示すように入力 adrs の変化に対応して出力 cmnd が変わるので，adrs がイベントリストに入る．

6 行目：case 〜 endcase（16 行目）は case 文で，case（adrs）の adrs の値に応じて cmnd が決定される．

7 行目：adrs=0 の場合の処理で，cmnd には時間 1 遅れて 16 進数表示の命令 710F が代入される．4'b0000; となっているが，4'h0; でもよい．

8 行目〜 14 行目：adrs に対応する命令が時間 1 遅れて cmnd に代入される．

15 行目：case 文中の最後に default：が必要である．図 6.25 では cmnd <= #1 16'h0000; となっているが，cmnd <= #1 16'hxxxx; でもよい．

コメント：図 6.25 の ROM は，アドレス（adrs）が 4 ビット，すなわち最大 16 ワードの小さいものなので HDL で記述したが，大容量 ROM の場合は HDL ではなく各ビット値（0 または 1）を半導体に作り込む．

1	module rom (adrs, cmnd);
2	input [3:0]　adrs;
3	output [15:0] cmnd;
4	reg [15:0]　cmnd;
5	always @ (adrs) begin
6	case(adrs)
7	4'b0000: cmnd <= #1 16'h710f;
8	4'b0001: cmnd <= #1 16'h72a6;
9	4'b0010: cmnd <= #1 16'h7364;
10	4'b0011: cmnd <= #1 16'h2210;
11	4'b0100: cmnd <= #1 16'h1130;
12	4'b0101: cmnd <= #1 16'h3320;
13	4'b0110: cmnd <= #1 16'h4210;
14	4'b0111: cmnd <= #1 16'h0000;
15	default: cmnd <= #1 16'h0000;
16	endcase
17	end
18	endmodule

図 6.25　ROMのHDL記述（ファイル名：rom.v）

2）ROMのテストベンチ

図 6.26 に命令メモリのテストベンチ構成図を示す．図においてテストベンチの module 名は，test_rom であり，rom という回路を内蔵しており，rom の入出力ポート名と test_rom の信号名が一致している．

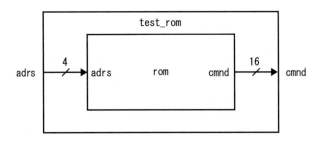

図 6.26　ROMテストベンチ構成図

図 6.27 に命令メモリのテストベンチを示す．図の各行を説明する．ただし付録 D や既出構文で説明済みの内容は省略する．

5 行目：図 6.26 に従い，rom に i0 という実体回路名を付けて配置・配線している．
7 行目〜 9 行目：adrs へは，図 6.24 のタイミングに従って信号を入力している．

1	`` `include ″rom.v″ ``
2	module test_rom;
3	reg [3:0]　adrs;
4	wire [15:0] cmnd;
5	rom i0 (.adrs(adrs), .cmnd(cmnd));
6	initial begin
7	#0　　adrs=4'b0000; #100 adrs=4'b0001; #100 adrs=4'b0010;
8	#100 adrs=4'b0011; #100 adrs=4'b0100; #100 adrs=4'b0101;
9	#100 adrs=4'b0110; #100 adrs=4'b0111; #100
10	$finish(2);
11	end
12	initial begin
13	$monitor($time, ,″adrs=%b cmnd=%h″, adrs, cmnd);
14	$dumpfile(″rom.vcd″);
15	$dumpvars(0,test_rom);
16	end
17	endmodule

図 6.27　ROMテストベンチ（ファイル名：test_rom.v）

図 6.28 は，図 6.27 のテストベンチを実行したシミュレーション結果である．この結果は，図 6.24 の命令メモリ・タイミングと一致している．

時刻	adrs	cmnd	時刻	adrs	cmnd	時刻	adrs	cmnd	時刻	adrs	cmnd
0	0000	xxxx	200	0010	72a6	400	0100	2210	600	0110	3320
1	0000	710f	201	0010	7364	401	0100	1130	601	0110	4210
100	0001	710f	300	0011	7364	500	0101	1130	700	0111	4210
101	0001	72a6	301	0011	2210	501	0101	3320	701	0111	0000

図 6.28　ROMのシミュレーション結果（ファイル名：result_rom.txt）

（4）IFステージ回路

1）IFステージ回路のHDL記述

図 6.29 に図 6.9 の CPU_A 回路から抜き出した IF ステージ回路を示す．図より IF ステージ回路は，プログラム・カウンタ（register_4），4 ビット加算器（adder_4）と命令メモリ（rom）を接続したものである．外部入力はプログラム・カウンタへの clk と rst で，外部出力は inst である．pcout と nxtadrs は IF ステージ内の信号名である．

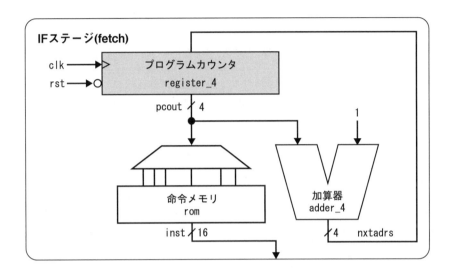

図 6.29　IFステージ回路

図 6.30 に IF ステージ・タイミングを示す．図において，時刻は 10 進数，rst, clk は 1 ビットの波形，inst は 16 進数である．rst や clk から inst への遅延は register_4 と rom を通過するため 2 となる．また ROM［pcout］は命令メモリ（rom）のアドレス pcout に保存されている命令を示す．

　時刻 0：rst=↓でリセット入力．clk=↓．

　時刻 2：inst=ROM［pcout］=ROM［0］=710F.

　時刻 100：rst=↑でリセット解除．clk=↑．

　時刻 102：inst=ROM［1］=72A6.

　時刻 200：clk=↓．

　時刻 300：clk=↑．

　時刻 302：inst=ROM［2］=7364.

　以降，clk=↓↑を繰り返し，clk= ↑から時間 2 遅れて inst から図 6.22 の命令が出力される．

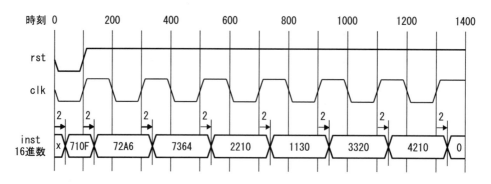

図6.30　IFステージ・タイミング

図**6.31** に図 6.29 の IF ステージ回路の HDL 記述（ファイル名：fetch.v）を示す．図の各行を説明する．ただし付録 D や既出構文で説明済みの内容は省略する．

8行目〜10行目：3つの回路に i0 〜 i2 という実体回路名を付けて図 6.29 に示すように配置・
　　　　　　　配線している．

1	`` `include "register_4.v" ``
2	`` `include "adder_4.v" ``
3	`` `include "rom.v" ``
4	`module fetch (rst, clk, inst);`
5	`    input        rst,clk;`
6	`    output [15:0] inst;`
7	`    wire [3:0]    pcout, nxtadrs;`
8	`    register_4 i0 (.rst(rst),.clk(clk),.in(nxtadrs),.out(pcout));`
9	`    adder_4 i1 (.ina(pcout),.inb(4'b0001),.out(nxtadrs));`
10	`    rom i2 (.adrs(pcout),.cmnd(inst));`
11	`endmodule`

図6.31　IFステージのHDL記述（ファイル名：fetch.v）

2) IFステージのテストベンチ

図6.32にIFステージのテストベンチ構成図を示す．図においてテストベンチのmodule名は，test_fetchであり，fetchという回路を内蔵しており，fetchの入出力ポート名とtest_fetchの信号名が一致している．

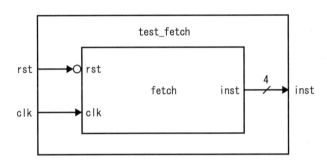

図6.32 IFステージ・テストベンチ構成図

図6.33にIFステージのテストベンチを示す．図の各行を説明する．ただし付録Dや既出構文で説明済みの内容は省略する．

5行目：図6.32に従い，fetchにi0という実体回路名を付けて配置・配線している．

7行目〜10行目：図6.30のタイミングに従ってrstとclkを入力している．

1	`` `include ″fetch.v″ ``
2	module test_fetch;
3	reg rst, clk;
4	wire [15:0] inst;
5	fetch i0 (.rst(rst), .clk(clk), .inst(inst));
6	initial begin
7	#0 rst=0; clk=0; #100 rst=1; clk=1;
8	#100 clk=0; #100 clk=1; #100 clk=0; #100 clk=1;
9	#100 clk=0; #100 clk=1; #100 clk=0; #100 clk=1;
10	#100 clk=0; #100 clk=1; #100 clk=0; #100 clk=1; #100
11	$finish(2);
12	end
13	initial begin
14	$monitor($time, ,″rst=%b clk=%b inst=%h″,rst,clk,inst);
15	$dumpfile(″fetch.vcd″);
16	$dumpvars(0,test_fetch);
17	end
18	endmodule

図6.33 IFステージ・テストベンチ（ファイル名：test_fetch.v）

　　図6.34は，図6.33のテストベンチを実行したシミュレーション結果である．この結果は，図6.30のIFステージ・タイミングと一致している．

時刻	rst	clk	inst
0	0	0	xxxx
2	0	0	710f
100	1	1	710f
102	1	1	72a6
200	1	0	710f

時刻	rst	clk	inst
300	1	1	72a6
302	1	1	7364
400	1	0	7364
500	1	1	7364
502	1	1	2210
600	1	0	2210

時刻	rst	clk	inst
700	1	1	2210
702	1	1	1130
800	1	0	1130
900	1	1	1130
902	1	1	3320
1000	1	0	3320

時刻	rst	clk	inst
1100	1	1	3320
1102	1	1	4210
1200	1	0	4210
1300	1	1	4210
1302	1	1	0000

図6.34　IFステージのシミュレーション結果（ファイル名：result_fetch.txt）

6.3.2　IDステージ

（1）16ビット・レジスタ（命令レジスタ）の機能とHDL記述

　　図6.9のIDステージにある命令レジスタは，16ビット・レジスタである．**図6.35**に16ビット・レジスタのシンボルを示す．この図と図6.16の4ビット・レジスタ・シンボルを比較するとわかるように，16ビット・レジスタは，4ビット・レジスタのinとoutのビット数を4から16に拡張したものである．

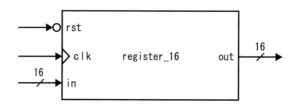

図6.35　16ビット・レジスタ・シンボル

　　図6.36に16ビット・レジスタのHDL記述を示す．図6.18の4ビット・レジスタのHDL記述と異なる部分は以下である．

　　1行目：4 → 16，3行目〜5行目：3 → 15，7行目：4'b → 16'h

　　上記で述べたように，16ビット・レジスタは4ビット・レジスタのビット数を拡張したものであるので，テストベンチは省略する．

1	module register_**16** (rst, clk, in, out);
2	input rst, clk;
3	input [**15**:0] in;
4	output [**15**:0] out;
5	reg [**15**:0] out;
6	always @ (negedge rst or posedge clk) begin
7	if(!rst) out <= #1 **16' h**0000;
8	else out <= #1 in;
9	end
10	endmodule

図6.36　16ビット・レジスタのHDL記述（ファイル名：register_16.v）

（2）命令解読器

1）命令解読器の機能とHDL記述

　命令解読器は，3.2節で述べたように命令の種類を表すオペコードを入力してCPUの各回路を制御する制御信号を出力する回路である．CPU_Aのオペコードは，図6.3に示すように命令[15:0]のうちの4ビット[15:12]である．各命令に対するオペコードと制御信号は図6.7に示されており，alucntは2ビットである．**図6.37**に命令解読器のシンボルを示す．図において，opcdはオペコード入力，alucnt, we, selは制御信号出力である．

　図6.38に命令解読器のタイミングを示す．図において，時刻は10進数，we, selは1ビットの波形，opcdやalucntは2進数である．入力から各出力への遅延時間を1とした．

　時刻0：opcd=0000（NOP）を入力．

　時刻1：alucnt=00, we=sel=0．

　時刻100：opcd=0001（ADD）を入力．

　時刻101：we=1．

　時刻200：opcd=0010（SUB）を入力．

　時刻201：alucnt=01．

　時刻300：opcd=0011（AND）を入力．

　時刻301：alucnt=10．

　時刻400：opcd=0100（OR）を入力．

　時刻401：alucnt=11．

　時刻500：opcd=0111（LDI）を入力．

　時刻501：alucnt=00, sel=1．

　時刻600：opcd=1000（未定義命令）を入力．

　時刻601：alucnt=xx, we=x, sel=x．

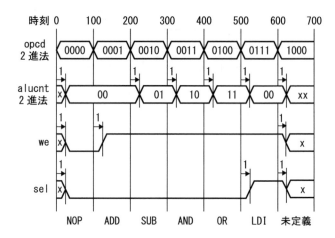

図 6.37 命令解読器シンボル

図 6.38 命令解読器タイミング

図**6.39**に図 6.37 および図 6.38 を満たす命令解読器のHDL記述（ファイル名：control.v）を示す．図の各行を説明する．ただし付録 D や既出構文で説明済みの内容は省略する．

9行目〜15 行目：各 case が複数の代入文を含む場合, begin〜end 内に；で区切って記述する．

15 行目：default：で 1 ビットの x を代入するとき, x ではなく 1'bx とする．

1	module control (opcd, alucnt, we, sel);
2	input [3:0] opcd;
3	output [1:0] alucnt;
4	output we, sel;
5	reg [1:0] alucnt;
6	reg we, sel;
7	always @ (opcd) begin
8	case(opcd)
9	4'b0000: begin #1 alucnt<= 2'b00; we<= 0; sel<= 0; end
10	4'b0001: begin #1 alucnt<= 2'b00; we<= 1; sel<= 0; end
11	4'b0010: begin #1 alucnt<= 2'b01; we<= 1; sel<= 0; end
12	4'b0011: begin #1 alucnt<= 2'b10; we<= 1; sel<= 0; end
13	4'b0100: begin #1 alucnt<= 2'b11; we<= 1; sel<= 0; end
14	4'b0111: begin #1 alucnt<= 2'b00; we<= 1; sel<= 1; end
15	default: begin #1 alucnt<= 2'bxx; we<= 1'bx; sel<= 1'bx; end
16	endcase
17	end
18	endmodule

図 6.39 命令解読器HDL記述 （ファイル名：control.v）

2）命令解読器のテストベンチ

図 6.40 に命令解読器のテストベンチ構成図を示す．図においてテストベンチの module 名は，test_control であり，control という回路を内蔵しており，control の入出力ポート名と test_control の信号名が一致している．

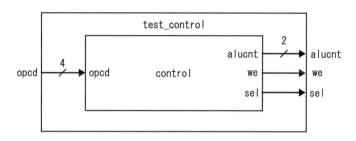

図 6.40　命令解読器テストベンチ構造

図 6.41 に命令解読器のテストベンチを示す．図の各行を説明する．ただし付録 D や既出構文で説明済みの内容は省略する．

6 行目：図 6.40 に従い，control に i0 という実体回路名を付けて配置・配線している．

8 行目〜 11 行目：opcd 入力へは図 6.38 のタイミングに従って信号を入力している．

14 行目：改行する場合「,」直後に Enter を入力する．「" 〜 "」で囲まれた範囲内で改行するとエラーになる．

1	\`include ″control.v″
2	module test_control;
3	reg [3:0]　opcd;
4	wire [1:0] alucnt;
5	wire　　we, sel;
6	control i0 (.opcd(opcd), .alucnt(alucnt), .we(we), .sel(sel));
7	initial begin
8	#0　opcd = 4'b0000; #100 opcd = 4'b0001; #100 opcd = 4'b0010;
9	#100 opcd = 4'b0011; #100 opcd = 4'b0100; #100 opcd = 4'b0111;
10	#100 opcd = 4'b1000; #100
11	$finish(2);
12	end
13	initial begin
14	$monitor($time, ,″opcd=%b alucnt=%b we=%b sel=%b″, opcd, alucnt, we, sel);
15	$dumpfile(″control.vcd″);
16	$dumpvars(0,test_control);
17	end
18	endmodule

図 6.41 命令解読器テストベンチ（ファイル名：test_control.v）

　図6.42は，図6.41のテストベンチを実行したシミュレーション結果である．この結果は，図6.38の命令解読器タイミングと一致している．未定義命令opcd＝1 k 000を与えると図6.39の15行目default：が実行され，出力はxとなる．

時刻	opcd	alucnt	we	sel	時刻	opcd	alucnt	we	sel
0	0000	xx	x	x	301	0011	10	1	0
1	0000	00	0	0	400	0100	10	1	0
100	0001	00	0	0	401	0100	11	1	0
101	0001	00	1	0	500	0111	11	1	0
200	0010	00	1	0	501	0111	00	1	1
201	0010	01	1	0	600	1000	00	1	1
300	0011	01	1	0	601	1000	xx	x	x

図6.42　命令解読器シミュレーション結果（ファイル名：result_control.txt）

（3）レジスタ・ファイル
1）レジスタ・ファイルの機能とHDL記述

　レジスタ・ファイルは，図6.9のIDステージに示すように，レジスタ値であるRdestとRsrcの読み出しとRdestの書き込みの各動作を独立にかつ同時に実行できるメモリである．destとsrcは，図6.3に示すように4ビットのレジスタ・ファイルのアドレスである．アドレスは2進数で，0000～1111（10進数：0～15）であるので，レジスタ・ファイル内のレジスタはR0～R15の16本である．

　図6.43にレジスタ・ファイルのシンボルを示す．図において，radは，read addressの略で，rad1にはRdestの読み出しアドレスdestが入力され，rad2にはRsrcの読み出しアドレスsrcが入力される．out1とout2は，それぞれrad1とrad2に入力されたアドレスに保存されている16ビットの読み出しデータ出力で，rad1=dest, rad2=srcよりout1=Rdest, out2=Rsrcである．

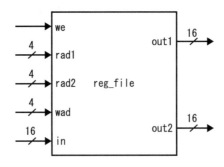

図6.43　レジスタ・ファイル・シンボル

wad は，write address の略で，Rdest の書き込みアドレス dest が入力される．we は，write enable（書き込み許可）の略で，we=1 のとき書き込み許可，we=0 のとき書き込み禁止である．in は，16 ビットの書き込みデータ入力で，we=1 のとき wad=アドレス dest に Rdest が書き込まれる．

　図 **6.44** にレジスタ・ファイルのタイミングを示す．図において，時刻は 10 進数，we は 1 ビットの波形，rad1, rad2, wad は 2 進数，in, out1, out2 は 16 進数である．各入力からレジスタへの書き込み時間およびレジスタから出力への読み出し時間をともに 1 とした．したがって同時に同じレジスタに上書きして読み出す場合の遅延時間は 2 となる．リセット端子がないので，最初すべてのレジスタ値（R0 ～ R15）は不定（x）となっている．

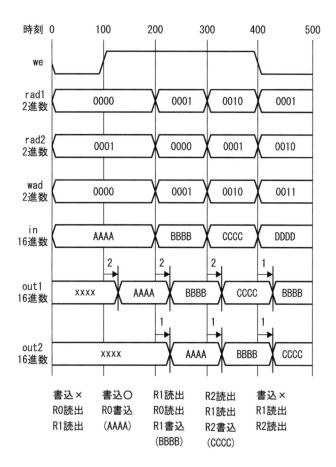

図 6.44　レジスタ・ファイル・タイミング

時刻 0：we=0（書き込み禁止），rad1=0000，rad2=0001，wad=0000，in=AAAA を入力．

時刻 1：out1=Rrad1=R0=xxxx，out2=Rrad2=R1=xxxx．ともに初期値 xxxx を維持．

時刻 100：we=1（書き込み許可）を入力．

時刻 101：（Rwad ← in より）R0 ← AAAA．

時刻 102：out1=Rrad1=R0=AAAA

時刻 200：rad1=0001，rad2=0000，wad=0001，in=BBBB を入力．

時刻 201：out1=Rrad1=R1=xxxx，out2=Rrad2=R0=AAAA，（Rwad ← in より）R1 ← BBBB．

時刻 202：out1=Rrad1=R1=BBBB．

時刻 300：rad1=0010，rad2=0001，wad=0010，in=CCCC を入力．

時刻 301：out1=Rrad1=R2=xxxx，out2=Rrad2=R1=BBBB，（Rwad ← in より）R2 ← CCCC．

時刻 302：out1=Rrad1=R2CCCC．

時刻 400：we=0（書き込み禁止），rad1=0001，rad2=0010，wad=0011，in=DDDD を入力．

時刻 401：out1=Rrad1=R1=BBBB，out2=Rrad2=R2=CCCC．

図 6.44 では図が煩雑になるのを避けるため，時刻 201 に出現する out1=xxxx と，時刻 301 に出現する out1=xxxx が省略されている．

図 6.45 にレジスタ・ファイルの HDL 記述を示す．図の各行を説明する．ただし付録 D や既出構文で説明済みの内容は省略する．

6 行目：mem は記憶部で，reg［ビット数］mem［レジスタアドレス］である．したがってビット幅 16 ビットの 0 番レジスタ（R0）〜 15 番レジスタ（R15）が宣言されている．

8 行目：if（we）文は we=1 のときに実行され，in のデータを記憶部 mem［アドレス wad］に時間 1 遅れて書き込む（mem［wad］<= #1 in;）．

10 行目：assign 文は，式の右辺を左辺に割り当てる構文である．アドレス rad1 のレジスタ値を時間 1 遅らせて out1 に割り当てて（代入して）いる．

11 行目：同じくアドレス rad2 のレジスタ値を時間 1 遅らせて out2 に代入している．

assign 文は always 文のように動作条件はないので，rad1 と rad2 のデータは常に out1 と out2 に出力されている．

1	module reg_file (we, rad1, rad2, wad, in, out1, out2) ;
2	input [15:0] in;
3	input [3:0] rad1, rad2, wad;
4	input we;
5	output [15:0] out1, out2;
6	reg [15:0] mem[0:15];
7	always @ (we or wad or in) begin
8	if(we) mem[wad] <= #1 in;
9	end
10	assign #1 out1 = mem[rad1];
11	assign #1 out2 = mem[rad2];
12	endmodule

図6.45　レジスタ・ファイルHDL記述（ファイル名：reg_file.v）

2）レジスタ・ファイルのテストベンチ

図6.46にレジスタ・ファイルのテストベンチ構成図を示す．図においてテストベンチのmodule名は，test_reg_fileであり，reg_fileという回路を内蔵しており，reg_fileの入出力ポート名とtest_reg_fileの信号名が一致している．

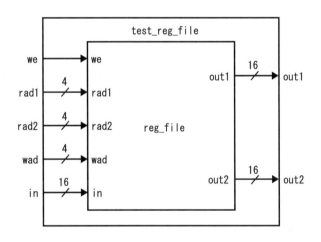

図6.46　レジスタ・ファイル・テストベンチ構成図

図6.47にレジスタ・ファイルのテストベンチを示す．図の各行を説明する．ただし付録Dや既出構文で説明済みの内容は省略する．

7行目：図6.46に従い，reg_fileにi0という実体回路名を付けて配置・配線している．
9行目〜13行目：各入力へは図6.44のタイミングに従って信号を入力している．

1	`` `include "reg_file.v" ``
2	module test_reg_file;
3	reg we;
4	reg [3:0] rad1, rad2, wad;
5	reg [15:0] in;
6	wire [15:0] out1, out2;
7	reg_file i0 (.we(we), .rad1(rad1), .rad2(rad2), .wad(wad), .in(in), .out1(out1), .out2(out2));
8	initial begin
9	#0 we=0;rad1=4'b0000;rad2=4'b0001;wad=4'b0000;in=16'hAAAA;
10	#100 we=1;
11	#100 rad1=4'b0001;rad2=4'b0000;wad=4'b0001;in=16'hBBBB;
12	#100 rad1=4'b0010;rad2=4'b0001;wad=4'b0010;in=16'hCCCC;
13	#100 we=0;rad1=4'b0001;rad2=4'b0010;wad=4'b0011;in=16'hDDDD; #100
14	$finish(2);
15	end
16	initial begin
17	$monitor($time, ,"we=%b rad1=%b rad2=%b wad=%b in=%h out1=%h out2=%h", we, rad1, rad2, wad, in, out1, out2);
18	$dumpfile("reg_file.vcd");
19	$dumpvars(0, test_reg_file);
20	end
21	endmodule

図 6.47 レジスタ・ファイル・テストベンチ（ファイル名：test_reg_file.v）

図 6.48 は，図 6.47 のテストベンチを実行したシミュレーション結果である．時刻 201 で R1 への BBBB の書き込みが，時刻 301 で R2 への CCCC の書き込みが完了していないため out1 には一時的に xxxx が出力される．一時的な xxxx 出力を除いて，この結果は図 6.44 のレジスタ・ファイル・タイミングと一致している．

時刻	we	rad1	rad2	wad	in	out1	out2
0	0	0000	0001	0000	aaaa	xxxx	xxxx
100	1	0000	0001	0000	aaaa	xxxx	xxxx
102	1	0000	0001	0000	aaaa	aaaa	xxxx
200	1	0001	0000	0001	bbbb	aaaa	xxxx
201	1	0001	0000	0001	bbbb	xxxx	aaaa
202	1	0001	0000	0001	bbbb	bbbb	aaaa

時刻	we	rad1	rad2	wad	in	out1	out2
300	1	0010	0001	0010	cccc	bbbb	aaaa
301	1	0010	0001	0010	cccc	xxxx	bbbb
302	1	0010	0001	0010	cccc	cccc	bbbb
400	0	0001	0010	0011	dddd	cccc	bbbb
401	0	0001	0010	0011	dddd	bbbb	cccc

図 6.48 レジスタ・ファイル・シミュレーション結果（ファイル名：result_reg_file.txt）

（4）符号拡張器

1）符号拡張器の機能とHDL記述

符号拡張器は，符号付2進数の最上位ビットを高位桁側（左側）に拡張する回路である．付録A.3.4節で述べたように拡張前後で値は変わらない．

図 6.49 に符号拡張器のシンボルを示す．図において，入力は8ビットの符号付2進数，出力は符号拡張された16ビットの2進数である．

図 6.50 に符号拡張器のタイミングを示す．図において，時刻は10進数，in と out は16進数である．各入力から出力への遅延を1とした．

時刻0：in=0111_1010(16進数：7A)．

時刻1：in の最上位ビット0が8ビット拡張され，out=0000_0000_0111_1010(007A)．

時刻100：in=1000_1010(16進数：8A)．

時刻101：in の最上位ビット1が8ビット拡張され，out=1111_1111_1000_1010．

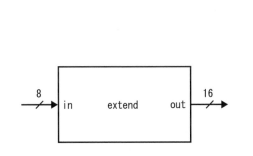

図 6.49　符号拡張器シンボル

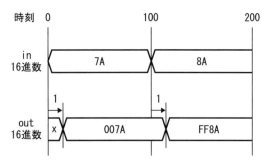

図 6.50　符号拡張器タイミング

図 6.51 に符号拡張器の HDL 記述を示す．図の各行を説明する．ただし付録 D で説明済みの内容は省略する．

6 行目：in[7] で処理を場合分けする case 文の開始．

7 行目：in[7]=0 の場合の符号拡張処理．

8 行目：in[7]=1 の場合の符号拡張処理．

9 行目：default: は case 文の最後に必須．

10 行目：case 文の終了

1	module extend (in, out);
2	input [7:0] in;
3	output [15:0] out;
4	reg [15:0] out;
5	always @ (in) begin
6	case(in[7])
7	1'b0: out <= #1 {8'b00000000, in};
8	1'b1: out <= #1 {8'b11111111, in};
9	default: out <= #1 16'hxxxx;
10	endcase
11	end
12	endmodule

図 6.51　符号拡張器HDL記述（ファイル名：extend.v）

2）符号拡張器のテストベンチ

図 6.52 に符号拡張器のテストベンチ構成図を示す．図においてテストベンチの module 名は，test_extend であり，extend という回路を内蔵しており，extend の入出力ポート名と test_extend の信号名が一致している．

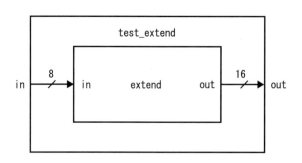

図 6.52　符号拡張器テストベンチ構成図

図 **6.53** に符号拡張器のテストベンチを示す．図の各行を説明する．ただし付録 D や既出構文で説明済みの内容は省略する．

5 行目：図 6.52 に従い，extend に i0 という実体回路名を付けて配置・配線している．

7 行目〜 8 行目：図 6.50 のタイミングに従って信号を入力している．

1	`` `include "extend.v" ``
2	module test_extend;
3	reg [7:0] in;
4	wire [15:0] out;
5	extend i0 (.in(in), .out(out));
6	initial begin
7	#0 in=8'h7A; #100 in=8'h8A; #100
8	$finish(2);
9	end
10	initial begin
11	$monitor($time, ,"in=%h out=%h", in, out);
12	$dumpfile("extend.vcd");
13	$dumpvars(0, test_extend);
14	end
15	endmodule

図 6.53 符号拡張器テストベンチ（ファイル名：test_extend.v）

図 **6.54** は，図 6.53 のテストベンチを実行したシミュレーション結果である．この結果は，図 6.50 の符号拡張器タイミングと一致している．

時刻	in	out
0	7a	xxxx
1	7a	007a
100	8a	007a
101	8a	ff8a

図 6.54 符号拡張器シミュレーション結果（ファイル名：result_extend.txt）

（5）IDステージ回路

1）IDステージ回路のHDL記述

　図 6.55 に図 6.9 の CPU_A 回路から抜き出した ID ステージ回路を示す．図より ID ステージ回路は，命令レジスタ（register_16），命令解読器（control），レジスタ・ファイル（reg_file），符号拡張器（extend）および 4 ビット遅延回路からなる．

　入力は命令レジスタへの clk, rst, IF ステージからの命令（inst），WB ステージからレジスタ・ファイルへの書き込み信号（we_w, dest_w, wdata_w）で，出力は do1, do2, imm, dest, alucnt, sel, we である．出力のうち do1, do2 はレジスタ・ファイルから，imm は符号拡張器から，alucnt, sel, we は命令解読器から出力される．dest は，instr[11:8] に時間 1 の遅延を与えた出力である．

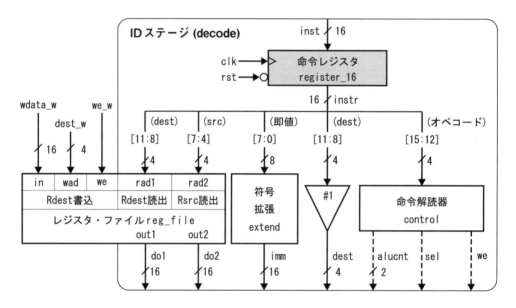

図 6.55　IDステージ回路

図 6.56 に ID ステージ・タイミングを示す．図において，時刻，dest_w，dest は 10 進数，rst，clk，we_w，we，sel は 1 ビットの波形，alucnt は 2 進数，それ以外は 16 進数である．図 6.55 より inst から各出力まで 2 段の回路を通過するので遅延時間は 2 である．レジスタ・ファイル（R0 〜 R15）にリセットがないので，時刻 0 で R0 〜 R15＝xxxx である．

時刻 0：rst＝↓でリセット．clk＝↓．wdata_w＝000A，dest_w＝1，we_w＝1．→ レジスタ・ファイル内で時刻 1 に 000A が R1 に書き込まれ R1＝000A となる（図 6.45 の 8 行目参照）．

時刻 2：imm，dest，alucnt，we，sel が命令レジスタのリセットによりすべて 0．

時刻 100：clk＝↑．inst＝不定値（xxxx）が命令レジスタに書き込まれる．

時刻 102：不定値命令 → ID ステージのすべての出力は不定値（x）となる．

時刻 200：clk＝↓．wdata_w＝000B，dest_w＝2，we_w＝1．inst＝1120（ADD R1 R2）．時刻 201 で R2＝000B（図 6.45 の 8 行目参照）．

時刻 300：clk＝↑．時刻 200 で入力した inst＝1120（ADD R1 R2）が書き込まれる．

時刻 302：1120 命令 → do1＝R1＝000A．do2＝R2＝000B．imm＝0020．dest＝1．alucnt＝00．we＝1．sel＝0．

時刻 400：clk＝↓．wdata_w＝000C，dest_w＝0，we_w＝1．inst＝73D0（LDI R3 −48（D0））．時刻 401 で R0＝000C（図 6.45 の 8 行目参照）．

時刻 500：clk＝↑．時刻 400 で入力した inst＝73D0（LDI R3 D0）が書き込まれる．

時刻 502：73D0 命令 → do1＝R3＝xxxx．do2＝RD（R13）＝xxxx．imm＝FFD0．dest＝3．sel＝1．

時刻 600：clk＝↓．we_w＝0．inst＝2210（SUB R2 R1）．

時刻 700：clk＝↑．時刻 600 で入力した inst＝2210（SUB R2 R1）が書き込まれる．

時刻 702：2210 命令 → do1＝R2＝000B．do2＝R1＝000A．imm0010．dest＝2．alucnt＝01．sel＝0．

時刻 800：clk＝↓．inst＝0000（NOP）．

時刻 900：clk＝↑．時刻 800 で入力した inst＝0000（NOP）が書き込まれる．

時刻 902：0000 命令 → do1＝do2＝R0＝000C．imm＝0000．dest＝0．alucnt＝00．we＝0．

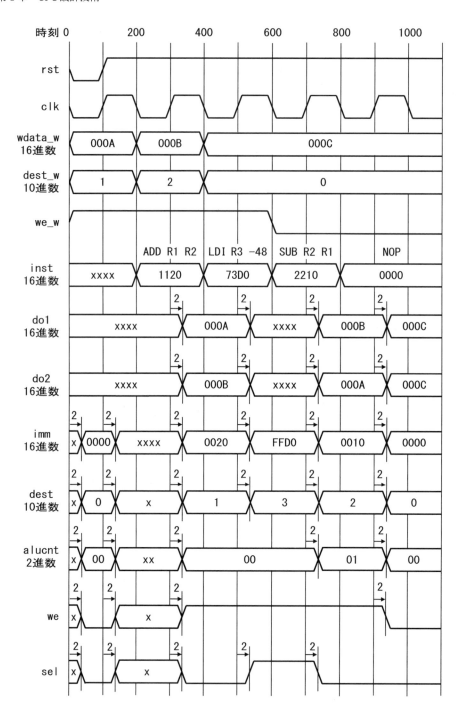

図6.56　IDステージ・タイミング

図6.57 に ID ステージ回路の HDL 記述（ファイル名：decode.v）を示す．図の各行を説明する．
ただし付録 D や既出構文で説明済みの内容は省略する．

13 行目：instr は内部配線であるので wire 宣言されている．

14 行目〜17 行目：図 6.55 に従い 4 つの回路に i0 〜 i3 という実体回路名を付けて配置・配線
している．

18 行目：図 6.55 で，instr[11:8] に時間 1 の遅延を与えた信号を dest としている．

1	`` `include "register_16.v" ``
2	`` `include "reg_file.v" ``
3	`` `include "control.v" ``
4	`` `include "extend.v" ``
5	module decode (rst, clk, inst, we_w, dest_w, wdata_w, do1, do2, alucnt, we, sel, imm, dest);
6	input rst, clk, we_w;
7	input [15:0] inst, wdata_w;
8	input [3:0] dest_w;
9	output [15:0] do1, do2, imm;
10	output [3:0] dest;
11	output [1:0] alucnt;
12	output we, sel;
13	wire [15:0] instr;
14	register_16 i0 (.rst(rst), .clk(clk), .in(inst), .out(instr));
15	reg_file i1 (.we(we_w), .rad1(instr[11:8]), .rad2(instr[7:4]), .wad(dest_w), .in(wdata_w), .out1(do1), .out2(do2));
16	control i2 (.opcd(instr[15:12]), .alucnt(alucnt), .we(we), .sel(sel));
17	extend i3 (.in(instr[7:0]), .out(imm));
18	assign #1 dest = instr[11:8];
19	endmodule

図6.57　IDステージのHDL記述（ファイル名：decode.v)

2）IDステージのテストベンチ

図6.58 に ID ステージのテストベンチ構成図を示す．図においてテストベンチの module 名は，test_decode であり，decode という回路を内蔵しており，decode の入出力ポート名と test_decode の信号名が一致している．

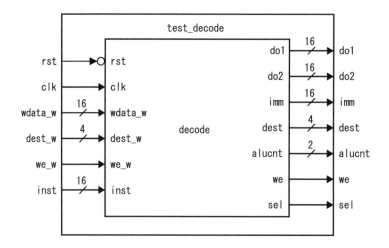

図6.58　IDステージ・テストベンチ構成図

図 6.59 に ID ステージのテストベンチを示す．図の各行を説明する．ただし付録 D や既出構文で説明済みの内容は省略する．

10 行目：図 6.58 に従い，decode に i0 という実体回路名を付けて配置・配線している．

12 行目～17 行目：図 6.56 のタイミングに従って信号を入力している．

1	`include "decode.v"
2	module test_decode;
3	reg rst, clk, we_w;
4	reg [15:0] inst, wdata_w;
5	reg [3:0] dest_w;
6	wire [15:0] do1, do2, imm;
7	wire [3:0] dest;
8	wire [1:0] alucnt;
9	wire we, sel;
10	decode i0 (.rst(rst), .clk(clk), .inst(inst), .we_w(we_w), .dest_w(dest_w), .wdata_w(wdata_w), .do1(do1), .do2(do2), .alucnt(alucnt), .we(we),.sel(sel),.imm(imm),.dest(dest));
11	initial begin
12	#0 rst=0; clk=0; wdata_w=16'h000A; dest_w=4'h1; we_w=1;
13	#100 rst=1; clk=1;
14	#100 clk=0; wdata_w=16'h000B; dest_w=4'h2; inst=16'h1120; #100 clk=1;
15	#100 clk=0; wdata_w=16'h000C; dest_w=4'h0; inst=16'h73D0; #100 clk=1;
16	#100 clk=0; we_w=0; inst=16'h2210; #100 clk=1;
17	#100 clk=0; inst=16'h0000; #100 clk=1; #100 clk=0;
18	$finish(2);
19	end
20	initial begin
21	$monitor($time, ,"rst=%b clk=%b wdata_w=%h dest_w=%b we_w=%b inst=%h do1=%h do2=%h imm=%h dest=%b alucnt=%b we=%b sel=%b", rst, clk, wdata_w, dest_w ,we_w, inst, do1, do2, imm, dest, alucnt, we, sel);
22	$dumpfile("decode.vcd");
23	$dumpvars(0, test_decode);
24	end
25	endmodule

図 6.59　IDステージ・テストベンチ（ファイル名：test_decode.v）

図6.60 に図 6.59 のテストベンチを実行したシミュレーション結果を示す．図において，rst ～ inst が入力，do1 ～ sel が出力である．これらの結果は，図 6.56 の ID ステージ・タイミングと一致している．

時間	rst	clk	wdata_w	dest_w	we_w	inst	do1	do2	imm	dest	alucnt	we	sel
0	0	0	000a	1	1	xxxx	xxxx	xxxx	xxxx	x	xx	x	x
2	0	0	000a	1	1	xxxx	xxxx	xxxx	0000	0	00	0	0
100	1	1	000a	1	1	xxxx	xxxx	xxxx	0000	0	00	0	0
102	1	1	000a	1	1	xxxx	xxxx	xxxx	xxxx	x	xx	x	x
200	1	0	000b	2	1	1120	xxxx	xxxx	xxxx	x	xx	x	x
300	1	1	000b	2	1	1120	xxxx	xxxx	xxxx	x	xx	x	x
302	1	1	000b	2	1	1120	000a	000b	0020	1	00	1	0
400	1	0	000c	0	1	73d0	000a	000b	0020	1	00	1	0
500	1	1	000c	0	1	73d0	000a	000b	0020	1	00	1	0
502	1	1	000c	0	1	73d0	xxxx	xxxx	ffd0	3	00	1	1
600	1	0	000c	0	0	2210	xxxx	xxxx	ffd0	3	00	1	1
700	1	1	000c	0	0	2210	xxxx	xxxx	ffd0	3	00	1	1
702	1	1	000c	0	0	2210	000b	000a	0010	2	01	1	0
800	1	0	000c	0	0	0000	000b	000a	0010	2	01	1	0
900	1	1	000c	0	0	0000	000b	000a	0010	2	01	1	0
902	1	1	000c	0	0	0000	000c	000c	0000	0	00	0	0
1000	1	0	000c	0	0	0000	000c	000c	0000	0	00	0	0

図 6.60　ID ステージのシミュレーション結果（ファイル名：result_decode.txt）

6.3.3 EXステージ

（1）ALU

1）ALUの機能とHDL記述

図 6.9 の EX ステージにある ALU は，4 種類の演算を行える回路で，その詳細は付録 B.3 節に記載されている．**図 6.61** に 16 ビット ALU のシンボルを示す．図において，alucnt は 2 ビットの ALU 演算制御入力で，00 のとき加算，01 のとき減算，10 のとき論理積，11 のとき論理和を ALU に指示する．ALU は，ina と inb に与えられたデータに対して指示された演算を実行し out に出力する．

図 6.62 に ALU のタイミングを示す．図において，時刻は 10 進数，alucnt は 2 進数，それ以外は 16 進数である．各入力から出力への遅延時間を 1 とした．

時刻 0：alucnt=00（加算），ina=6666, inb=4444 を入力．

時刻 1：out=ina+inb（alucnt=00）=6666+4444=AAAA．

時刻 100：alucnt=01（減算）を入力．他の入力は不変．

時刻 101：out=ina-inb（alucnt=01）=6666-4444=2222．

時刻 200：alucnt=10（論理積：AND）を入力．

時刻 201：out=ina&inb（alucnt=10）=6666&4444=4444．（6&4=0110&0100=0100=4）

時刻 300：alucnt=11（論理和：OR）を入力．

時刻 301：out=ina|inb（alucnt=11）=6666|4444=6666．（6|4=0110|0100=0110=6）

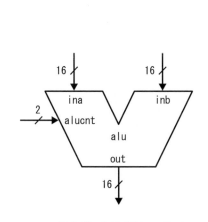

図 6.61　ALU回路シンボル

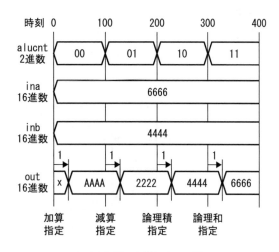

図 6.62　ALUタイミング

　図**6.63**に図6.61と図6.62を満たすALUのHDL記述(ファイル名：alu.v)を示す．図の各行は，付録Dや既出構文で説明済みであるので説明は省略する．

1	module alu (alucnt, ina, inb, out);
2	input [15:0]　ina, inb;
3	input [1:0]　alucnt;
4	output [15:0] out;
5	reg [15:0]　　out;
6	always @ (alucnt or ina or inb) begin
7	case(alucnt)
8	2'b00: out <= #1 ina + inb;
9	2'b01: out <= #1 ina - inb;
10	2'b10: out <= #1 ina & inb;
11	2'b11: out <= #1 ina ｜ inb;
12	default: out <= #1 16'hxxxx;
13	endcase
14	end
15	endmodule

図6.63　ALU HDL記述（ファイル名：alu.v）

2) ALUのテストベンチ

　図**6.64**にALUのテストベンチ構成図を示す．図においてテストベンチのmodule名は，test_aluであり，aluという回路を内蔵しており，aluの入出力ポート名とtest_aluの信号名が一致している．

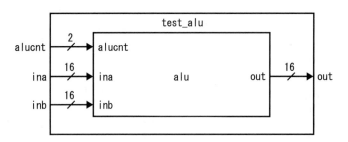

図6.64　ALUテストベンチ構成図

図 **6.65** に ALU のテストベンチを示す．図の各行を説明する．ただし付録 D や既出構文で説明済みの内容は省略する．

6 行目：図 6.64 に従い，alu に i0 という実体回路名を付けて配置・配線している．

8 行目〜9 行目：図 6.62 のタイミングに従って信号を入力している．

1	`` `include "alu.v" ``
2	module test_alu;
3	reg [15:0] ina, inb;
4	reg [1:0] alucnt;
5	wire [15:0] out;
6	alu i0 (.alucnt(alucnt), .ina(ina), .inb(inb), .out(out));
7	initial begin
8	#0 alucnt = 00; ina = 16'h6666; inb = 16'h4444;
9	#100 alucnt = 01; #100 alucnt = 10; #100 alucnt = 11; #100
10	$finish(2);
11	end
12	initial begin
13	$monitor($time, ,"alucnt=%b ina=%h inb=%h out=%h", alucnt, ina, inb, out);
14	$dumpfile("alu.vcd");
15	$dumpvars(0, test_alu);
16	end
17	endmodule

図 6.65　ALUテストベンチ（ファイル名：test_alu.v）

図 **6.66** は，図 6.65 のテストベンチを実行したシミュレーション結果である．この結果は，図 6.62 の ALU タイミングと一致している．

時刻	alucnt	ina	inb	out
0	00	6666	4444	xxxx
1	00	6666	4444	aaaa
100	01	6666	4444	aaaa
101	01	6666	4444	2222

時刻	alucnt	ina	inb	out
200	10	6666	4444	2222
201	10	6666	4444	4444
300	11	6666	4444	4444
301	11	6666	4444	6666

図 6.66　ALUシミュレーション結果（ファイル名：result_alu.txt）

(2) 16ビット・セレクタ

1) 16ビット・セレクタの機能とHDL記述

16ビット・セレクタは，3.3節で述べたように回路を統合したとき等に信号線を選択するのに用いる．**図6.67**に16ビット・セレクタのシンボルを示す．図において，s はセレクタ端子で0のとき in0 を out に，1のとき in1 を out に出力する．

図6.68に16ビット・セレクタのタイミングを示す．図において，時間は10進数，s は1ビットの波形，in0, in1, out は16進数である．各入力から出力への遅延を1とした．

時刻 0：s=0, in0=AAAA, in1=BBBB を入力．

時刻 1：out=in0（s=0）=AAAA．

時刻 100：s=1 を入力．他の入力は不変．

時刻 101：out=in1（s=1）=BBBB．

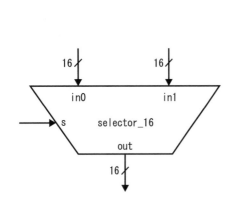

図6.67 16ビット・セレクタ・シンボル

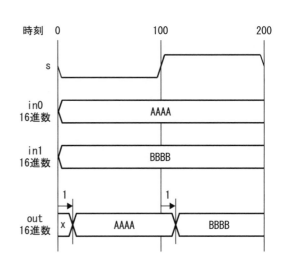

図6.68 16ビット・セレクタ・タイミング

図 6.69 に図 6.67 と図 6.68 を満たす 16 ビット・セレクタの HDL 記述（ファイル名：selector_16.v）を示す．図の各行は，付録 D や既出構文で説明済みであるので説明は省略する．

1	module selector_16 (s, in0, in1, out);
2	input s;
3	input [15:0] in0, in1;
4	output [15:0] out;
5	reg [15:0] out;
6	always @ (s or in0 or in1) begin
7	case(s)
8	1'b0: out <= #1 in0;
9	1'b1: out <= #1 in1;
10	default: out <= #1 16'hxxxx;
11	endcase
12	end
13	endmodule

図 6.69　16ビット・セレクタHDL記述（ファイル名：selector_16.v）

2）16ビット・セレクタのテストベンチ

図 6.70 に 16 ビット・セレクタのテストベンチ構成図を示す．図においてテストベンチの module 名は，test_selector_16 で，selector_16 という回路を内蔵しており，selector_16 の入出力ポート名と test_selector_16 の信号名が一致している．

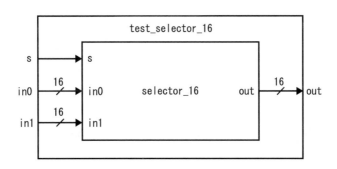

図 6.70　16ビット・セレクタ・テストベンチ構成図

図 6.71 に 16 ビット・セレクタのテストベンチを示す．図の各行を説明する．ただし付録 D や既出構文で説明済みの内容は省略する．

6 行目：図 6.70 に従い，selector_16 に i0 という実体回路名を付けて配置・配線している．

8 行目：図 6.68 のタイミングに従って信号を入力している．

1	`include "selector_16.v"`
2	`module test_selector_16;`
3	`    reg        s;`
4	`    reg [15:0]  in0, in1;`
5	`    wire [15:0] out;`
6	`    selector_16 i0 (.s(s),.in0(in0),.in1(in1),.out(out));`
7	`    initial begin`
8	`        #0 s=0; in0=16'hAAAA; in1=16'hBBBB; #100 s=1; #100`
9	`        $finish(2);`
10	`    end`
11	`    initial begin`
12	`        $monitor($time, ,"s=%b in0=%h in1=%h out=%h", s,in0,in1,out);`
13	`        $dumpfile("selectore_16.vcd");`
14	`        $dumpvars(0,test_selector_16);`
15	`    end`
16	`endmodule`

図6.71　16ビット・セレクタ テストベンチ（ファイル名：test_selector_16.v）

図6.72は，図6.71のテストベンチを実行したシミュレーション結果である．この結果は，図6.68の16ビット・セレクタ・タイミングと一致している．

時間	s	in0	in1	out
0	0	aaaa	bbbb	xxxx
1	0	aaaa	bbbb	aaaa
100	1	aaaa	bbbb	aaaa
101	1	aaaa	bbbb	bbbb

図6.72　16ビット・セレクタ・シミュレーション結果（ファイル名：result_selector_16.txt）

(3) 1ビット・レジスタおよび2ビット・レジスタの機能とHDL記述

図6.9のEXステージのパイプラインレジスタ（EXレジスタ）のうちの2ビット・レジスタと1ビット・レジスタのHDL記述について述べる．

図6.73と**図6.74**は，それぞれ1ビット・レジスタと2ビット・レジスタのシンボルである．これらの図と図6.16の4ビット・レジスタ・シンボルを比較するとわかるように，4ビット・レジスタのinとoutビット数を，1ビット・レジスタは4から1に，2ビット・レジスタは4から2に変更したものである．

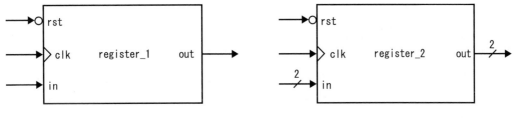

図6.73　1ビット・レジスタのシンボル　　　　　　図6.74　2ビット・レジスタのシンボル

　図6.75 に2ビット・レジスタの HDL 記述を示す．図6.18 の4ビット・レジスタの HDL 記述と異なる部分は以下である．

　1行目：4 → 2,　　3行目～5行目：3 → 1,　　7行目：4'b0000 → 2'b00

　図6.76 に1ビット・レジスタの HDL 記述を示す．入力や出力のポートはすべて1ビットである．

1	module register_**2** (rst, clk, in, out);
2	input　　　　rst, clk;
3	input [**1**:0]　in;
4	output [**1**:0]　out;
5	reg [**1**:0]　　out;
6	always @ (negedge rst or posedge clk) begin
7	if(!rst)　out <= #1 **2'b00**;
8	else　out <= #1 in;
9	end
10	endmodule

図6.75　2ビット・レジスタの HDL 記述（ファイル名：register_2.v）

1	module register_1 (rst, clk, in, out);
2	input　　rst, clk, in;
3	output　out;
4	reg　　out;
5	always @ (negedge rst or posedge clk) begin
6	if(!rst)　out <= #1 **1'b0**;
7	else　out <= #1 in;
8	end
9	endmodule

図6.76　1ビット・レジスタの HDL 記述（ファイル名：register_1.v）

(4) EXステージ回路

1）EXステージ回路のHDL記述

　図6.77 に図6.9のCPU_A回路から抜き出したEXステージ回路を示す．図よりEXステージ回路は，7個のEXレジスタ，ALU，セレクタ，4ビット遅延回路，1ビット遅延回路からなる．

　入力は，EXレジスタへのclk, rst, IDステージからのレジスタ・ファイル出力（do1, do2），符号拡張器出力imm，レジスタ・ファイル書き込みアドレスdest，命令解読器出力（alucnt, sel, we）である．

　出力は，レジスタ・ファイルへの書き込みデータwdata_e，書き込みアドレスdest_e，書き込み許可we_eである．出力のうちwdata_eは16ビット・セレクタから，dest_eは4ビット遅延回路から，we_eは1ビット遅延回路から出力される．図6.2の演算命令の場合，sel=selr=0によりalu16がwdata_eに出力される．

　図6.2の転送命令の場合，sel=selr=1によりimmrがwdata_eに出力される．ALU演算は，図6.7に示すようにalucnt（ADD：0, SUB：1, AND：2, OR：3)により指定される．

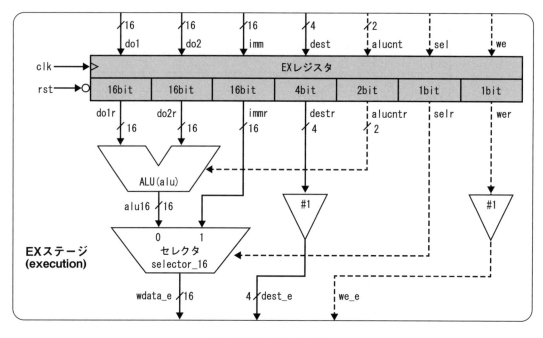

図6.77　EXステージ回路

　図6.78 にEXステージ・タイミングを示す．図において，時刻, dest, dest_eは10進数，rst, clk, we, sel, we_eは1ビットの波形，alucntは2進数，それ以外は16進数である．

　図6.77より入力do1とdo2から出力wdata_eまでの回路段数は3段なので遅延時間は3，入力immから出力wdata_eまでは2段なので遅延時間は2である．入力destから出力dest_eまでと，入力weから出力we_eまでの遅延時間は2であり，入力alucntから出力alucntrまでと，入力selから出力selrまでの遅延時間は1である．

　時刻0で入力した do1=AAAA，do2=3333，imm=CCCC を一定とし，時刻0，200，400，600
で入力 alucnt を00，01，10，11 に変化させることで ALU における4種類の演算を指定した．演
算結果である wdata_e は，時刻100，300，500，700 における clk=↑から時間3遅れて DDDD
（AAAA+3333），7777（AAAA−3333），2222（AAAA&3333），BBBB（AAAA|3333）となる．こ
の間 sel=0 とし alu16 を選択する．
　sel=1 により LDI 命令出力 immr を選択する．時刻800における sel=1 により時刻900での
clk=↑から時間2遅れて wdata_e=immr=CCCC となる．

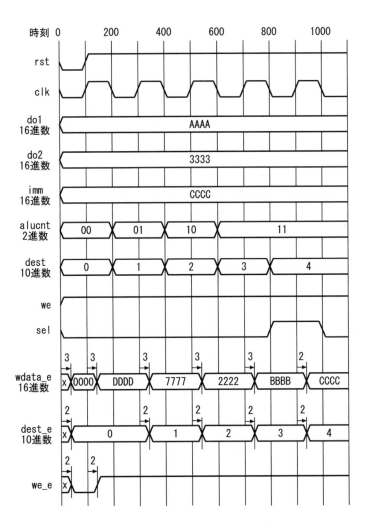

図 6.78　EXステージ・タイミング

図 6.79 に EX ステージ回路の HDL 記述（ファイル名：execution.v）を示す.

図の各行を説明する．ただし付録 D や既出構文で説明済みの内容は省略する．

13 行目：instr は内部配線であるので wire 宣言されている．

19 行目〜 27 行目：図 6.77 に従い 6 種類の回路に i0 〜 i8 という実体回路名を付けて配置・配
　　　　　　　　　線している．

28 行目〜 29 行目：図 6.77 で，destr → dest_e, wer → we_e に遅延時間 1 を与えている．

1	`` `include "register_1.v" ``
2	`` `include "register_2.v" ``
3	`` `include "register_4.v" ``
4	`` `include "register_16.v" ``
5	`` `include "alu.v" ``
6	`` `include "selector_16.v" ``
7	module execution (rst, clk, do1, do2, alucnt, we, sel, imm, dest, wdata_e, dest_e, we_e);
8	input　　　　rst, clk, we, sel;
9	input [1:0]　alucnt;
10	input [3:0]　dest;
11	input [15:0]　do1, do2, imm;
12	output　　　we_e;
13	output [3:0]　dest_e;
14	output [15:0] wdata_e;
15	wire　　　　wer, selr;
16	wire [1:0]　alucntr;
17	wire [3:0]　destr;
18	wire [15:0]　do1r, do2r, alu16, immr;
19	register_16 i0 (.rst(rst), .clk(clk), .in(do1), .out(do1r));
20	register_16 i1 (.rst(rst), .clk(clk), .in(do2), .out(do2r));
21	register_16 i2 (.rst(rst), .clk(clk), .in(imm), .out(immr));
22	register_4 i3 (.rst(rst), .clk(clk), .in(dest), .out(destr));
23	register_2 i4 (.rst(rst), .clk(clk), .in(alucnt), .out(alucntr));
24	register_1 i5 (.rst(rst), .clk(clk), .in(sel), .out(selr));
25	register_1 i6 (.rst(rst), .clk(clk), .in(we), .out(wer));
26	alu i7 (.alucnt(alucntr), .ina(do1r), .inb(do2r), .out(alu16));
27	selector_16 i8 (.s(selr), .in0(alu16), .in1(immr), .out(wdata_e));
28	assign #1 dest_e = destr;
29	assign #1 we_e = wer;
30	endmodule

図 6.79　EXステージのHDL記述 （ファイル名：execution.v）

2） EXステージのテストベンチ

図 6.80 に EX ステージのテストベンチ構成図を示す．図においてテストベンチの module 名は，test_execution であり，execution という回路を内蔵しており，execution の入出力ポート名と test_execution の信号名が一致している．

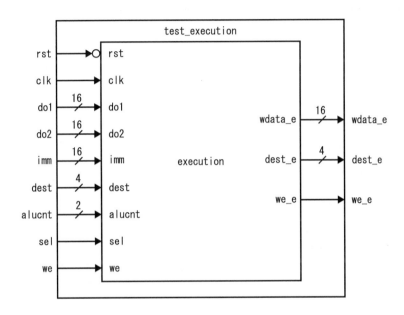

図 6.80　EXステージ・テストベンチ構成図

図 6.81 に EX ステージのテストベンチを示す．図の各行を説明する．ただし付録 D や既出構文で説明済みの内容は省略する．

10 行目：図 6.80 に従い，execution に i0 という実体回路名を付けて配置・配線している．
12 行目〜 16 行目：図 6.78 のタイミングに従って信号を入力している．

1	`` `include "execution.v" ``
2	`module test_execution;`
3	`    reg        rst, clk, we, sel;`
4	`    reg [1:0]   alucnt;`
5	`    reg [3:0]   dest;`
6	`    reg [15:0]  do1, do2, imm;`
7	`    wire       we_e;`
8	`    wire [3:0]  dest_e;`
9	`    wire [15:0] wdata_e;`
10	`    execution i0 (.rst(rst),.clk(clk),.do1(do1),.do2(do2),.alucnt(alucnt),.we(we),` `.sel(sel), .imm(imm), .dest(dest), .wdata_e(wdata_e), .dest_e(dest_e), .we_e(we_e));`
11	`    initial begin`
12	`        #0   rst=0;clk=0;do1=16'hAAAA;do2=16'h3333;imm=16'hCCCC;alucnt=2'b00;` `dest=4'h0;we=1;sel=0;  #100 rst=1; clk=1;`
13	`        #100 clk=0; alucnt=2'b01; dest=4'h1; #100 clk=1;`
14	`        #100 clk=0; alucnt=2'b10; dest=4'h2; #100 clk=1;`
15	`        #100 clk=0; alucnt=2'b11; dest=4'h3; #100 clk=1;`
16	`        #100 clk=0; sel=1;          dest=4'h4; #100 clk=1;  #100 clk=0; sel=0;`
17	`        $finish(2);`
18	`    end`
19	`    initial begin`
20	`        $monitor($time, ,"rst=%b clk=%b do1=%h do2=%h imm=%h alucnt=%b we=%b sel=%b` `dest=%b wdata_e=%h dest_e=%b we_e=%b",rst, clk, do1, do2, imm, alucnt, we, sel,` `dest, wdata_e, dest_e, we_e);`
21	`        $dumpfile ("execution.vcd");`
22	`        $dumpvars(0, test_execution);`
23	`    end`
24	`endmodule`

図 6.81 EXステージ・テストベンチ（ファイル名：test_execution.v）

図 **6.82** に図 6.81 のテストベンチを実行したシミュレーション結果を示す．この結果は，図 6.78 の EX ステージ・タイミングと一致している．

時間	rst	clk	do1	do2	imm	alucnt	dest	we	sel	wdata_e	dest_e	we_e
0	0	0	aaaa	3333	cccc	00	0	1	0	xxxx	x	x
2	0	0	aaaa	3333	cccc	00	0	1	0	xxxx	0	0
3	0	0	aaaa	3333	cccc	00	0	1	0	0000	0	0
100	1	1	aaaa	3333	cccc	00	0	1	0	0000	0	0
102	1	1	aaaa	3333	cccc	00	0	1	0	0000	0	1
103	1	1	aaaa	3333	cccc	00	0	1	0	dddd	0	1
200	1	0	aaaa	3333	cccc	01	1	1	0	dddd	0	1
300	1	1	aaaa	3333	cccc	01	1	1	0	dddd	0	1
302	1	1	aaaa	3333	cccc	01	1	1	0	dddd	1	1
303	1	1	aaaa	3333	cccc	01	1	1	0	7777	1	1
400	1	0	aaaa	3333	cccc	10	2	1	0	7777	1	1
500	1	1	aaaa	3333	cccc	10	2	1	0	7777	1	1
502	1	1	aaaa	3333	cccc	10	2	1	0	7777	2	1
503	1	1	aaaa	3333	cccc	10	2	1	0	2222	2	1
600	1	0	aaaa	3333	cccc	11	3	1	0	2222	2	1
700	1	1	aaaa	3333	cccc	11	3	1	0	2222	2	1
702	1	1	aaaa	3333	cccc	11	3	1	0	2222	3	1
703	1	1	aaaa	3333	cccc	11	3	1	0	bbbb	3	1
800	1	0	aaaa	3333	cccc	11	4	1	1	bbbb	3	1
900	1	1	aaaa	3333	cccc	11	4	1	1	bbbb	3	1
902	1	1	aaaa	3333	cccc	11	4	1	1	cccc	4	1
1000	1	0	aaaa	3333	cccc	11	4	1	0	cccc	4	1

図 6.82　EXステージのシミュレーション結果（ファイル名：result_execution.txt）

6.3.4　WBステージ回路とHDL記述

図 **6.83** に図 6.9 から抜き出した WB ステージ回路を示す．図において，3 つのレジスタは WB レジスタ，破線の回路はレジスタ・ファイルである．レジスタ・ファイルのうち WB ステージに属するのは［Rdest 書込］である．レジスタ・ファイルは［Rdest 書込］も含め ID ステージの中で HDL 記述が完了しているので，WB ステージは WB レジスタのみとする．図における 16 ビット・レジスタ（6.3.2 項（1）），4 ビット・レジスタ（6.3.1 項（2）），1 ビット・レジスタ（6.3.3 項（3））は，すべて説明済みであるので個々のレジスタの説明は省略する．

EX ステージの出力 wdata_e, dest_e, we_e は，clk=↑ から時間 1 遅れて wdata_w, dest_w, we_w に出力され，レジスタ・ファイルに書き込まれる．図 **6.84** に WB ステージ回路の HDL 記述（ファイル名：wb.v）を示す．図の各行は，付録 D や既出構文で説明済みであるので説明は省略する．WB ステージのテストベンチの説明は省略する．

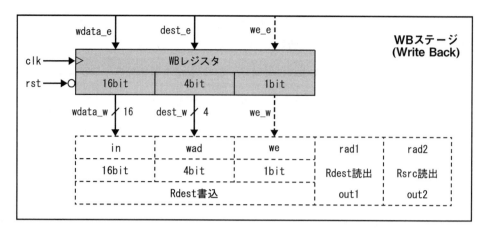

図6.83　WBステージ回路

1	`` `include "register_1.v" ``
2	`` `include "register_4.v" ``
3	`` `include "register_16.v" ``
4	module wb (rst, clk, wdata_e, dest_e, we_e, wdata_w, dest_w, we_w);
5	input rst, clk, we_e;
6	input [15:0] wdata_e;
7	input [3:0] dest_e;
8	output [15:0] wdata_w;
9	output [3:0] dest_w;
10	output we_w;
11	register_16 i0 (.rst(rst), .clk(clk), .in(wdata_e), .out(wdata_w));
12	register_4 i1 (.rst(rst), .clk(clk), .in(dest_e), .out(dest_w));
13	register_1 i2 (.rst(rst), .clk(clk), .in(we_e), .out(we_w));
14	endmodule

図6.84　WBステージのHDL記述（ファイル名：wb.v）

6.3.5　CPU_A

（1）CPU_A回路のHDL記述

　CPU_Aは，図6.8に示す4段のパイプラインで構成されている．**図6.85**に図6.22に示す各命令を実行したときのCPU_Aのパイプライン動作と期待値を示す．LDI命令は命令内の即値（16進数，10進数）：（F，10），（A6，-90），（64，100）をレジスタに転送するので，IFステージのマーク［IF］とWBステージで書き込まれたレジスタと書き込みデータを記載してある．

　SUB，ADD，AND，ORの演算命令は，2つのレジスタ（Rdest, Rsrc）を読み出し演算した後にRdestに書き込むので，［IF］マーク，IDステージでの読み出しレジスタ，EXステージでの演算内容，WBステージで書き込まれたレジスタと書き込みデータを記載してある．

　clk4でのR2，clk5でのR3，clk6でのR2に対して，書き込みと読み出しが同時に行われている

が，6.3.2 項（3）に示す CPU_A のレジスタ・ファイルでは同一レジスタへの同時書き込み・読み出しがサポートされているため，3.6.2 項（2）のデータ・ハザードは生じない．

命令列		CPU_Aパイプライン									
ニーモニック	16進表示	rst	clk1	clk2	clk3	clk4	clk5	clk6	clk7	clk8	clk9
LDI R1 15	710F	IF	—	—	R1=000F						
LDI R2 -90	72A6		IF	—	—	R2=FFA6					
LDI R3 100	7364			IF	—	—	R3=0064				
SUB R2 R1	2210				IF	R2, R1	減算	R2=FF97			
ADD R1 R3	1130					IF	R1, R3	加算	R1=0073		
AND R3 R2	3320						IF	R3, R2	論理積	R3=0004	
OR R2 R1	4210							IF	R2, R1	論理和	R2=FFF7

図 6.85 CPU_Aのパイプライン動作

図 6.86 に図 6.85 の命令列（図 6.22 の命令）を実行したときの CPU_A のタイミングを示す．

図 6.86 と図 6.85 の対応について説明する．入力は rst と clk で図 6.86 の clk 番号は図 6.85 上部の clk 番号と同一である．出力は inst，dest_w と wdata_w である．inst は図 6.9 の命令メモリ出力で図 6.85 左側命令列の 16 進表示，dest_w と wdata_w は図 6.9 の WB レジスタ出力で，wdata_w は図 6.85 右側の期待値（000F，FFA6，0064，FF97，0073，0004，FFF7），dest_w は期待値を保存するレジスタの番号である．時刻，dest_w は 10 進数，rst と clk は 1 ビットの波形，inst と wdata_w は 16 進数である．inst は，図 6.30 の IF ステージの出力と同じで clk=↑の時刻から時間 2 遅れて出力される．詳細は図 6.30 の説明参照．

図 6.9 からわかるように，dest_w, wdata_w は，clk=↑の時刻から時間 1 遅れて出力される．

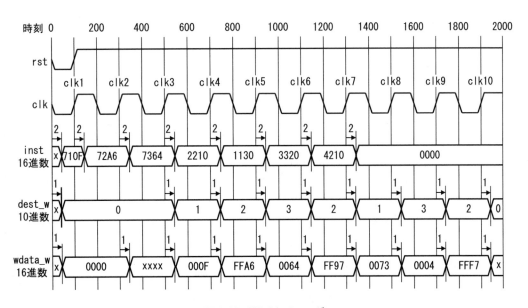

図 6.86 CPU_Aタイミング

図 6.87 に CPU_A 回路の HDL 記述（ファイル名：cpu_a.v）を示す．図の各行を説明する．ただし付録 D や既出構文で説明済みの内容は省略する．

1 行目〜 4 行目：fetch2.v, decode2.v, execution2.v, wb2.v は，fetch.v（図 6.31），decode.v（図 6.57），execution.v（図 6.79），wb.v（図 6.84）の各ファイルから `include 文を削除したファイルである．

5 行目〜 15 行目：fetch2.v, decode2.v, execution2.v, wb2.v を作成するときに削除した重複のない `include 文である．

1	`` `include "fetch2.v" ``
2	`` `include "decode2.v" ``
3	`` `include "execution2.v" ``
4	`` `include "wb2.v" ``
5	`` `include "adder_4.v" ``
6	`` `include "alu.v" ``
7	`` `include "control.v" ``
8	`` `include "extend.v" ``
9	`` `include "reg_file.v" ``
10	`` `include "register_1.v" ``
11	`` `include "register_16.v" ``
12	`` `include "register_2.v" ``
13	`` `include "register_4.v" ``
14	`` `include "rom.v" ``
15	`` `include "selector_16.v" ``
16	module cpu_a (rst, clk, inst, dest_w, wdata_w);
17	input　　　rst, clk;
18	output [15:0]　inst, wdata_w;
19	output [3:0]　dest_w;
20	wire [15:0]　do1, do2, imm, wdata_e;
21	wire [3:0]　dest, dest_e;
22	wire [1:0]　alucnt;
23	wire　　　sel, we, we_e, we_w;
24	fetch i1 (.rst(rst), .clk(clk), .inst(inst));
25	decode i2 (.rst(rst), .clk(clk), .inst(inst), .wdata_w(wdata_w), .dest_w(dest_w), .we_w(we_w), .do1(do1), .do2(do2), .alucnt(alucnt), .we(we), .sel(sel), .imm(imm), .dest(dest));
26	execution i3 (.rst(rst), .clk(clk), .do1(do1), .do2(do2), .alucnt(alucnt), .we(we), .sel(sel), .imm(imm), .dest(dest), .wdata_e(wdata_e), .we_e(we_e), .dest_e(dest_e));
27	wb i4 (.rst(rst), .clk(clk), .wdata_e(wdata_e), .dest_e(dest_e), .we_e(we_e), .wdata_w(wdata_w), .dest_w(dest_w), .we_w(we_w));
28	endmodule

図 6.87　CPU_A の HDL 記述 （ファイル名：cpu_a.v）

（2） CPU_A回路のテストベンチ

　図 6.88 に CPU_A のテストベンチ構成図を示す．図においてテストベンチの module 名は，test_cpu_a であり，cpu_a という回路を内蔵しており，cpu_a の入出力ポート名と test_cpu_a の信号名が一致している．

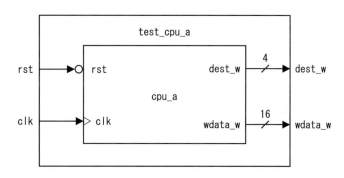

図 6.88　CPU_Aテストベンチ構成図

　図 6.89 に CPU_A のテストベンチを示す．図の各行を説明する．ただし付録 D や既出構文で説明済みの内容は省略する．

　8 行目～ 11 行目：図 6.86 のタイミングに従って rst と 10 個の clk を入力している．

1	`` `include "cpu_a.v" ``
2	module test_cpu_a;
3	reg　　　　　rst, clk;
4	wire [15:0]　inst, wdata_w;
5	wire [3:0]　　dest_w;
6	cpu_a i0 (.rst(rst),.clk(clk),.inst(inst),.dest_w(dest_w),.wdata_w(wdata_w));
7	initial begin
8	#0　　rst=0; clk=0;　　　#100 rst=1; clk=1;　　#100 clk=0; #100 clk=1;
9	#100 clk=0; #100 clk=1; #100 clk=0; #100 clk=1; #100 clk=0; #100 clk=1;
10	#100 clk=0; #100 clk=1; #100 clk=0; #100 clk=1; #100 clk=0; #100 clk=1;
11	#100 clk=0; #100 clk=1; #100 clk=0; #100 clk=1; #100
12	$finish(2);
13	end
14	initial begin
15	$monitor($time, ,"rst=%b clk=%b inst=%h dest_w=%d wdata_w=%h",rst, clk, inst, dest_w, wdata_w);
16	$dumpfile("cpu_a.vcd");
17	$dumpvars(0, test_cpu_a);
18	end
19	endmodule

図 6.89　CPU_Aテストベンチ（ファイル名：test_cpu_a.v）

　図6.90に図6.89のテストベンチを実行したシミュレーション結果を示す．図の結果は，図 6.86のCPU_Aタイミングと一致している．

時間	rst	clk	inst	dest_w	wdata_w
0	0	0	xxxx	x	xxxx
1	0	0	xxxx	0	0000
2	0	0	710f	0	0000
100	1	1	710f	0	0000
102	1	1	72a6	0	0000
200	1	0	72a6	0	0000
300	1	1	72a6	0	0000
301	1	1	72a6	0	xxxx
302	1	1	7364	0	xxxx
400	1	0	7364	0	xxxx
500	1	1	7364	0	xxxx
501	1	1	7364	1	000f
502	1	1	2210	1	000f
600	1	0	2210	1	000f
700	1	1	2210	1	000f
701	1	1	2210	2	ffa6
702	1	1	1130	2	ffa6
800	1	0	1130	2	ffa6
900	1	1	1130	2	ffa6

時間	rst	clk	inst	dest_w	wdata_w
901	1	1	1130	3	0064
902	1	1	3320	3	0064
1000	1	0	3320	3	0064
1100	1	1	3320	3	0064
1101	1	1	3320	2	ff97
1102	1	1	4210	2	ff97
1200	1	0	4210	2	ff97
1300	1	1	4210	2	ff97
1301	1	1	4210	1	0073
1302	1	1	0000	1	0073
1400	1	0	0000	1	0073
1500	1	1	0000	1	0073
1501	1	1	0000	3	0004
1600	1	0	0000	3	0004
1700	1	1	0000	3	0004
1701	1	1	0000	2	fff7
1800	1	0	1000	2	fff7
1900	1	0	0000	2	fff7
1901	1	1	0000	0	xxxx

図6.90　CPU_Aのシミュレーション結果（ファイル名：result_cpu_a.txt）

6.4　フォワーディング回路内蔵CPU：CPU_A_F

（1）CPU_Aの問題点

　図6.92の命令をCPU_Aで実行・検証するため，図6.25（ROMのHDL記述）の11行：1130（ADD R1 R3）と12行：3320（AND R3 R2）を入れ替えたrom_f.v（図6.91）を作成し，図6.89のテスト・ベンチを実行した．その結果（wdata_w）を図6.92における各命令のパイプライン最終段（clk3〜clk8）に示す．図6.92の期待値は，テスト・ベンチ結果と比較するため各命令結果を手計算で求めたものである．比較するとclk6までは同じだが，clk7のAND結果（0004vs0024）とclk8のADD結果（0013vs0073）が異なっており，CPU_Aが誤動作していることがわかる．

　この原因は3.6.2項（2）のデータ・ハザードによるものである．図6.92のclk5でANDが読み出す**R2**は，SUBによりclk6で更新される**R2**=FF97であるべきだが，パイプライン化によりR2の更新の方が後になるので，clk5で読み出したR2は更新前のFFA6になっている．このハザードは，上述のSUB/AND（R2）だけではなくAND/ADD（R3）でも生じる．命令順序を変更できない場

合には，データ・ハザードを起こす命令間にNOP命令を挿入して後発命令を1clk遅らせる必要があるが，時間当たり完了する命令数が減るというデメリットがある．

1	module rom (adrs, cmnd);
2	input [3:0]　adrs;
3	output [15:0] cmnd;
4	reg [15:0]　cmnd;
5	always @ (adrs) begin
6	case(adrs)
7	4'b0000: cmnd <= #1 16'h710f;　//LDI R1　10
8	4'b0001: cmnd <= #1 16'h72a6;　//LDI R2 -90
9	4'b0010: cmnd <= #1 16'h7364;　//LDI R3 100
10	4'b0011: cmnd <= #1 16'h2210;　//SUB R2 R1
11	4'b0100: cmnd <= #1 16'h3320;　//AND R3 R2 <-ADD R1 R3
12	4'b0101: cmnd <= #1 16'h1130;　//ADD R1 R3 <-AND R3 R2
13	default: cmnd <= #1 16'h0000;
14	endcase
15	end
16	endmodule

図6.91　ROMのHDL記述（ファイル名：rom_f.v）

命令	期待値	CPU_Aパイプライン								
		rst	clk1	clk2	clk3	clk4	clk5	clk6	clk7	clk8
LDI R1 15	R1=000F	IF	ID	EX	R1=000F					
LDI R2 -90	R2=FFA6		IF	ID	EX	R2=FFA6				
LDI R3 100	R3=0064			IF	ID	EX	R3=0064			
SUB R2 R1	R2=FF97				IF	R2,R1	減算	R2=FF97		
AND R3 R2	R3=0004					IF	R3,**R2**	論理積	R3=0024	
ADD R1 R3	R1=0013						IF	R1,**R3**	加算	R1=0073

図6.92　ADDとANDの順序を入れ替えた場合の期待値とCPU_Aのパイプライン動作結果

(2) フォワーディング回路の機能とHDL記述

この問題を解決するため，図3.26に示したフォワーディング技術を適用して，レジスタへの書き込みデータをEXからIDに転送できるようにCPU_Aを改訂する．**図6.93**にフォワーディング技術を適用した場合の動作を示す．clk5ではR2に関してSUBでの減算結果をANDのIDステージに転送している．clk6ではR3に関してANDでの演算結果をADDのIDステージに転送している．これらの結果は，図6.92の期待値と一致している．

実行命令	CPU_Aパイプライン								
	rst	clk1	clk2	clk3	clk4	clk5	clk6	clk7	clk8
LDI R1 15	IF	ID	EX	R1=000F					
LDI R2 -90		IF	ID	EX	R2=FFA6				
LDI R3 100			IF	ID	EX	R3=0064			
SUB R2 R1				IF	R2, R1	FFA6-F=FF97 (R2)	R2=FF97		
ADD R3 R2					IF	R3, R2 ↓	0064&FF97=4 (R3)	R3=0004	
ADD R1 R3						IF	R1, R3 ↓	F+4=0013 (R1)	R1=0013

図6.93　フォワーディング機能を適用した場合のCPU_Aのパイプライン動作結果

図6.94 にフォワーディング回路のシンボルを示す．図において，回路右辺の dest と src は後発命令により与えられたレジスタ番号，Rdest と Rsrc は dest や src に対応してレジスタ・ファイルから読み出されたデータである．

回路左辺の we_e, dest_e, wdata_e は EX ステージから ID ステージに戻した先発命令のデータで，それぞれ書き込み許可，書き込みレジスタ番号，書き込みデータである．回路下辺の fRdest と fRsrc は EX ステージに送られるフォワーディングチェック後のデータである．

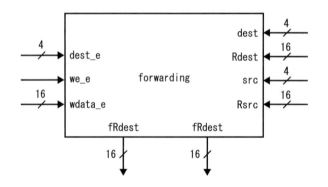

図6.94　フォワーディング回路のシンボル

フォワーディングが実行されるのは，レジスタへの書き込み許可（we_e=1）がある先発命令からのデータで，かつ先発命令の書き込みレジスタ番号（dest_e）が後発命令の読み出しレジスタの番号（dest または src）と一致している場合である．

NOP 命令は何もしない命令であるので，EX ステージにある NOP 命令データをフォワーディングしてはならない．そのため書き込み許可（we_e）のチェックが必要である．

EX ステージの命令が書き込み許可命令であっても dest_e が後発命令の dest や src と異なればフォワーディングしてはならない．

図 **6.95** にフォワーディング回路タイミングを示す．図において，時刻，dest, src, dest_e は 10
進数，we_e は 1 ビットの波形，その他は 16 進数で，x は不定値ある．入力から出力までの遅延
時間を 1 とした．

時刻 0：we_e=1, dest_e=1, wdata_e=CCCC, dest=2, Rdest=AAAA, src=3, Rsrc=BBBB を入力．

時間 1：fRdest=Rdest=AAAA, fRsrc=Rsrc=BBBB．（dest_e ≠ dest, dest_e ≠ src）

時刻 100：dest_e=2 を入力．

時刻 101：fRdest ← wdata_e=CCCC, fRsrc=Rsrc=BBBB．（dest_e=dest=2）

時刻 200：dest_e=3 を入力．

時刻 201：fRsrc ← wdata_e=CCCC, fRdest=Rdest=AAAA．（dest_e=src=3）

時刻 300：dest_e=dest=src=4 を入力．

時刻 301：fRdest=fRsrc ← wdata_e=CCCC．（dest_e=dest=src）

時刻 400：we_e=0 を入力．

時刻 401：fRdest=Rdest=AAAA, fRsrc=Rsrc=BBBB．（we_e=0）

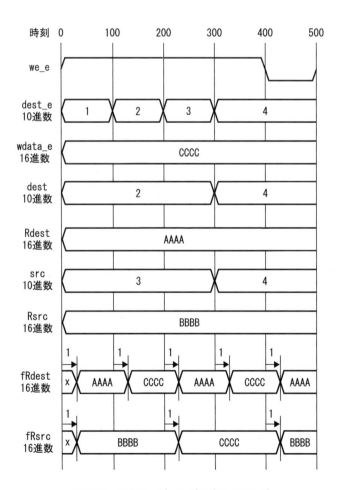

図 6.95　フォワーディング回路タイミング

　図 6.96 にフォワーディング回路の HDL 記述（ファイル名：forwarding.v）を示す．図の各行を説明する．ただし付録 D や既出構文で説明済みの内容は省略する．

　8 行目：EX にある先発命令が書き込み許可（we_e=1）かどうかチェックする．
　9 行目〜 10 行目：EX 中の先発命令の書き込みレジスタ番号（dest_e）が後発命令の読み出しレジスタ番号（dest）と一致していればフォワーディング（fRdest ← wdata_e），不一致であればフォワーディングしない（fRdest ← Rdest）．
　11 行目〜 12 行目：dest_e と src についても上記同様の処理をする．
　14 行目〜 15 行目：EX 中の先発命令が書き込み禁止（we_e=0）よりフォワーディングしない．

1	`module forwarding (dest, src, Rdest, Rsrc, we_e, dest_e, wdata_e, fRdest, fRsrc);`
2	`    input          we_e;`
3	`    input [3:0]    dest, src, dest_e;`
4	`    input [15:0]   Rdest, Rsrc, wdata_e;`
5	`    output [15:0] fRdest, fRsrc;`
6	`    reg [15:0]     fRdest, fRsrc;`
7	`    always @ (dest or src or Rdest or Rsrc or we_e or dest_e or wdata_e) begin`
8	`        if(we_e) begin`
9	`            if(dest_e==dest) fRdest<= #1 wdata_e;`
10	`            else            fRdest<= #1 Rdest;`
11	`            if(dest_e==src)  fRsrc <= #1 wdata_e;`
12	`            else            fRsrc <= #1 Rsrc;`
13	`        end else begin`
14	`                            fRdest<= #1 Rdest;`
15	`                            fRsrc <= #1 Rsrc;`
16	`        end`
17	`    end`
18	`endmodule`

図 6.96　フォワーディング回路のHDL記述（ファイル名：forwarding.v）

（3）フォワーディング回路のテストベンチ

　図 6.97 にフォワーディング回路のテストベンチ構成図を示す．図においてテストベンチの module 名は，test_forwarding であり，forwarding という回路を内蔵しており，forwarding の入出力ポート名と test_forwarding の信号名が一致している．

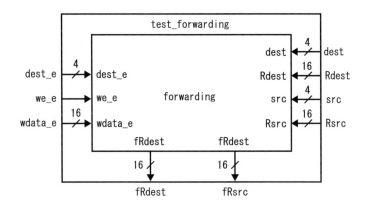

図 6.97　フォワーディング回路のテストベンチ構成図

図6.98にフォワーディング回路のテストベンチを示す．図の各行を説明する．ただし付録 D や既出構文で説明済みの内容は省略する．

7 行目：図 6.97 に従い，forwarding に i0 という実体回路名を付けて配置・配線している．

9 行目〜 11 行目：各入力へは図 6.95 のタイミングに従って信号を入力している．

1	`` `include "forwarding.v" ``
2	module test_forwarding;
3	reg　　　we_e;
4	reg [3:0]　dest, src, dest_e;
5	reg [15:0]　Rdest, Rsrc, wdata_e;
6	wire [15:0] fRdest, fRsrc;
7	forwarding i0 (.dest(dest), .src(src), .Rdest(Rdest), .Rsrc(Rsrc), .we_e(we_e), .dest_e(dest_e), .wdata_e(wdata_e), .fRdest(fRdest), .fRsrc(fRsrc));
8	initial begin
9	#0 we_e=1; dest_e=4'h1; dest=4'h2; src=4'h3; Rdest=16'hAAAA; Rsrc=16'hBBBB; wdata_e=16'hCCCC;
10	#100 dest_e=4'h2; #100 dest_e=4'h3; #100 dest_e=4'h4; dest=4'h4; src=4'h4;
11	#100 we_e=0;　　#100
12	$finish(2);
13	end
14	initial begin
15	$monitor ($time, ,"dest=%d Rdest=%h src=%d Rsrc=%h we_e=%b dest_e=%d wdata_e=%h fRdest=%h fRsrc=%h", dest, Rdest, src, Rsrc, we_e, dest_e, wdata_e, fRdest, fRsrc);
16	$dumpfile("forwarding.vcd");
17	$dumpvars(0, test_forwarding);
18	end
19	endmodule

図 6.98　フォワーディング回路のテストベンチ（ファイル名：test_forwarding.v）

　図6.99に図6.98のテストベンチを実行したシミュレーション結果を示す．この結果は，図6.95のフォワーディング回路タイミングと一致している．fRdest, fRsrcにccccが出力されるとき，フォワーディングが実行されている．

時刻	dest	Rdest	src	Rsrc	we_e	dest_e	wdata_e	fRdest	fRsrc
0	2	aaaa	3	bbbb	1	1	cccc	xxxx	xxxx
1	2	aaaa	3	bbbb	1	1	cccc	aaaa	bbbb
100	2	aaaa	3	bbbb	1	2	cccc	aaaa	bbbb
101	2	aaaa	3	bbbb	1	2	cccc	cccc	bbbb
200	2	aaaa	3	bbbb	1	3	cccc	cccc	bbbb
201	2	aaaa	3	bbbb	1	3	cccc	aaaa	cccc
300	4	aaaa	4	bbbb	1	4	cccc	aaaa	cccc
301	4	aaaa	4	bbbb	1	4	cccc	cccc	cccc
400	4	aaaa	4	bbbb	0	4	cccc	cccc	cccc
401	4	aaaa	4	bbbb	0	4	cccc	aaaa	bbbb

図6.99　フォワーディング回路のシミュレーション結果（ファイル名：result_forwarding.txt）

（4）CPU_A_F回路

　図6.100にフォワーディング回路内蔵CPU_A_F（IFステージ省略）回路図を示す．図6.9への追加部分は，フォワーディング回路，EXステージからフォワーディング回路に戻す信号（we_e, dest_e, wdata_e）および命令レジスタからフォワーディング回路へのinstr[11:8], instr[7:4]である．Rdestとdo1，Rsrcとdo2は元々つながっていた信号である．したがって，decode.vとcpu_a.vを改訂すればフォワーディング機能を追加できる．

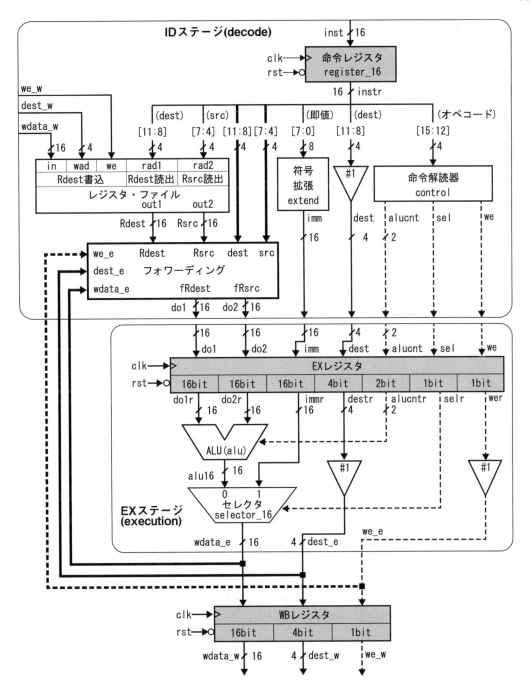

図 6.100　フォワーディング回路内蔵CPU_A

(5) IDステージのHDL記述

　図6.101に CPU_A_F における ID ステージの HDL 記述を示す．図において，太字がフォワーディングによる変更部分である．図の各行を説明する．ただし付録D や既出構文で説明済みの内容は省略する．

5行目：forwarding.v を読み込んでいる．

6行目：モジュール名を decode_f とし，EX ステージの出力 wdata_e, dest_e, we_e を ID ステージに入力している．

7行目〜9行目：上記3つの信号を入力宣言している．

16行目：reg_file の2つの読み出し出力を do1, do2 から Rdest, Rsrc に変更．

19行目：forwarding に i4 という実体回路名を付けて配置・配線している．

ファイル名は decode_f.v に変更するが，モジュール名は decode のまま変更しない．1行目〜5行目の `include 文を削除した decode_f2.v を作成する．

1	`include "register_16.v"
2	`include "reg_file.v"
3	`include "control.v"
4	`include "extend.v"
5	**`include "forwarding.v"**
6	module **decode_f** (rst, clk, inst, wdata_w, dest_w, we_w, **wdata_e**, **dest_e**, **we_e**, do1, do2, alucnt,we,sel,imm,dest);
7	input rst, clk, we_w, **we_e**;
8	input [15:0] inst, wdata_w, **wdata_e**;
9	input [3:0] dest_w, **dest_e**;
10	output [15:0] do1, do2, imm;
11	output [3:0] dest;
12	output [1:0] alucnt;
13	output we, sel;
14	wire [15:0] Rdest, Rsrc, instr;
15	register_16 i0 (.rst(rst), .clk(clk), .in(inst), .out(instr));
16	reg_file i1 (.we(we_w), .rad1(instr[11:8]), .rad2(instr[7:4]), .wad(dest_w), .in(wdata_w),.out1(**Rdest**),.out2(**Rsrc**));
17	control i2 (.opcd(instr[15:12]), .alucnt(alucnt), .we(we), .sel(sel));
18	extend i3 (.in(instr[7:0]), .out(imm));
19	**forwarding i4 (.dest(instr[11:8]), .src(instr[7:4]), .Rdest(Rdest),** .Rsrc(Rsrc), .we_e(we_e), .dest_e(dest_e), .wdata_e(wdata_e), .fRdest(do1), .fRsrc(do2));**
20	assign #1 dest = instr[11:8];
21	endmodule

図6.101　CPU_A_FにおけるIDステージのHDL記述（ファイル名：decode_f.v）

(6) CPU_A_F回路のHDL記述

図6.102 に CPU_A_F 回路の HDL 記述を示す．図において，太字がフォワーディングによる変更部分である．図の各行を説明する．ただし付録Dや既出構文で説明済みの内容は省略する．

2 行目：decode_f2.v は decode_f.v の `include 文を削除したものである.

9 行目：forwarding.v を読み込んでいる.

15 行目：rom_f.v を読み込んでいる.

17 行目：CPU のモジュール名を cpu_a_f としている.

26 行目：ID ステージのモジュール名を decode_f とし，EX ステージ出力，wdata_e, dest_e, we_e を ID ステージに入力している.

1	`include ″fetch2.v″
2	**`include ″decode_f2.v″**
3	`include ″execution2.v″
4	`include ″wb2.v″
5	`include ″adder_4.v″
6	`include ″alu.v″
7	`include ″control.v″
8	`include ″extend.v″
9	**`include ″forwarding.v″**
10	`include ″reg_file.v″
11	`include ″register_1.v″
12	`include ″register_16.v″
13	`include ″register_2.v″
14	`include ″register_4.v″
15	**`include_f ″rom_f.v″**
16	`include ″selector_16.v″
17	module **cpu_a_f** (rst, clk, inst, dest_w, wdata_w);
18	input rst,clk;
19	output [15:0] inst, wdata_w;
20	output [3:0] dest_w;
21	wire [15:0] do1, do2, imm, wdata_e;
22	wire [3:0] dest, dest_e;
23	wire [1:0] alucnt;
24	wire sel, we, we_e, we_w;
25	fetch i1 (.rst(rst), .clk(clk), .inst(inst));
26	**decode_f** i2 (.rst(rst), .clk(clk), .inst(inst), .wdata_w(wdata_w), .dest_w(dest_w), .we_w(we_w), **.wdata_e(wdata_e), .dest_e(dest_e), .we_e(we_e),** .do1(do1), .do2(do2), .alucnt(alucnt), .we(we), .sel(sel), .imm(imm), .dest(dest));
27	execution i3 (.rst(rst), .clk(clk), .do1(do1), .do2(do2), .alucnt(alucnt), .we(we), .sel(sel), .imm(imm), .dest(dest), .wdata_e(wdata_e), .we_e(we_e), .dest_e(dest_e));
28	wb i4 (.rst(rst), .clk(clk), .wdata_e(wdata_e), .dest_e(dest_e), .we_e(we_e), .wdata_w(wdata_w), .dest_w(dest_w), .we_w(we_w));
29	endmodule

図 6.102　CPU_A_F回路のHDL記述（ファイル名：cpu_a_f.v）

（7）CPU_A_F回路のテストベンチ

　図6.103にCPU_A_F回路のテストベンチを示す．図において，太字がフォワーディングによる変更部分である．図の各行は，付録Dや既出構文で説明済みであるので説明は省略する．

1	`include "cpu_a_f.v"
2	module test_cpu_a_f;
3	reg　　　　rst, clk;
4	wire [15:0]　inst, wdata_w;
5	wire [3:0]　dest_w;
6	cpu_a_f i0 (.rst(rst),.clk(clk),.inst(inst),.dest_w(dest_w),.wdata_w(wdata_w));
7	initial begin
8	#0　rst=0; clk=0; #100 rst=1; clk=1;
9	#100 clk=0; #100 clk=1; #100 clk=0; #100 clk=1; #100 clk=0; #100 clk=1;
10	#100 clk=0; #100 clk=1; #100 clk=0; #100 clk=1; #100 clk=0; #100 clk=1;
11	#100 clk=0; #100 clk=1; #100 clk=0;
12	$finish(2);
13	end
14	initial begin
15	$monitor($time, , "rst=%b clk=%b inst=%h dest_w=%d wdata_w=%h", rst, clk, inst, dest_w, wdata_w);
16	$dumpfile("cpu_a_f.vcd");
17	$dumpvars(0, test_cpu_a_f);
18	end
19	endmodule

図6.103　CPU_A_F回路のテストベンチ（ファイル名：test_cpu_a_f.v）

　図6.104に図6.103のテストベンチを実行したシミュレーション結果を示す．図より，3320（AND R3 R2），1130（ADD R1 R3）の結果は，それぞれR3=0004, R1=0013となっており，図6.93と一致している．結果，フォワーディング技術を備えたCPU_A_Fにおいて，レジスタの書き込みタイミングを気にすることなくプログラミングできることが実証された．

時間	rst	clk	inst	dest_w	wdata_w
0	0	0	xxxx	x	xxxx
1	0	0	xxxx	0	0000
2	0	0	710f	0	0000
100	1	1	710f	0	0000
102	1	1	72a6	0	0000
200	1	0	72a6	0	0000
300	1	1	72a6	0	0000
301	1	1	72a6	0	xxxx
302	1	1	7364	0	xxxx
400	1	0	7364	0	xxxx
500	1	1	7364	0	xxxx
501	1	1	7364	1	000f
502	1	1	2210	1	000f
600	1	0	2210	1	000f
700	1	1	2210	1	000f
701	1	1	2210	2	ffa6

時間	rst	clk	inst	dest_w	wdata_w
702	1	1	3320	2	ffa6
800	1	0	3320	2	ffa6
900	1	1	3320	2	ffa6
901	1	1	3320	3	0064
902	1	1	1130	3	0064
1000	1	0	1130	3	0064
1100	1	1	1130	3	0064
1101	1	1	1130	2	ff97
1102	1	1	0000	2	ff97
1200	1	0	0000	2	ff97
1300	1	1	0000	2	ff97
1301	1	1	0000	3	0004
1400	1	0	0000	3	0004
1500	1	1	0000	3	0004
1501	1	1	0000	1	0013
1600	1	0	0000	1	0013

図 6.104　フォワーディング回路内蔵CPU_Aのシミュレーション結果（ファイル名：result_cpu_a_f.txt）

演習問題6

1 付録B.1節のセレクタを指示に従ってVerilog HDLで記述せよ.

(1) D.2.5(1)のif文を用いてalways文を作成せよ.

(2) D.2.5(2)のcase文を用いてalways文を作成せよ.

(3) 前問(1)を利用してセレクタを記述せよ. ただし, モジュール名をselector_ifとする.

(4) 前問(2)を利用してセレクタを記述せよ. ただし, モジュール名をselector_caseとする.

2 付録B.3節のALUをVerilog HDLで記述することを考える.

(1) 図B.10のシンボルで示されるALUのVerilog HDL記述をD.2.5項(2)のcase文の例を用いて作成せよ. ただし, ctrl=00のとき加算, ctrl=01のとき減算(a-b), ctrl=10のとき論理積, ctrl=11のとき論理和とし, module名はALUとする.

(2) 前問(1)のALUに否定, 図2.4のXOR, 論理左シフト(SLL)と論理右シフト(SRL)の演算を追加せよ. ただし追加する演算の演算子は以下である.

否定：~a　　　aの否定を出力(bは無視)

XOR：a ^ b　　aとbのビット間の排他的論理和を出力

SLL：a << b　　aをbビットだけ左シフトして出力

SRL：a >> b　　aをbビットだけ右シフトして出力

3 図C.12のアドレス・デコーダ回路をD.2.5項(2)のcase文を用いて記述せよ. ただし, 入力であるアドレスa0〜a2をa[0]〜a[2], すなわちa[2:0]とし, 出力であるワード線word0〜word7についてはword[0]〜word[7], すなわちword[7:0]とせよ. 動作については図C.11の説明に従い, モジュール名をadrs_decとせよ.

4 C.3.1項に示す1ワード32ビットで, 256ワードをもつメモリにリセット機能を付けてVerilog HDLで記述することを考える.

(1) 図C.12に示すように, メモリセルの数は32個×256個となるが, メモリセルをVerilog HDLで記述せよ. ただし1ワード分のレジスタ名をwordcellとせよ.

(2) リセット信号rstの立下りによりすべてのwordcellが0にリセットされるという事象をD.2.5項(3)のfor文を用いて記述せよ.

(3) 図C.9のメモリ・シンボルより, 書き込み許可信号WE = 1のとき, ADRSに対応するwordcellにDinが書き込まれるが, この書き込み動作をD.2.5項(1)のif文を用いて記述せよ.

(4) WE = 0のとき, ADRSに対応するwordcellのデータがDoutに読み出されるが, この動作を前問(3)に付加して記述せよ.

(5) 前問(1)〜(4)の動作をまとめてVerilog HDLで記述せよ. 必要な宣言文も書け.

(6) 図C.10に示すように, クロックCLKの立ち上がり時にDinの書き込みやDoutへの読み

出しが行われる．書き込みか読み出しかは WE 信号が 1 か 0 かで決まる．図 C.10 の動作
を always 文で記述せよ．必要な宣言文も書け．

(7) 図 C.9 のシンボルにリセット機能を付加したメモリを Verilog HDL で記述せよ．ただしモ
ジュール名を sram とせよ．

5 図6.63のALU HDL記述を，以下のシンボルで示されるクロック同期回路に変更せよ．

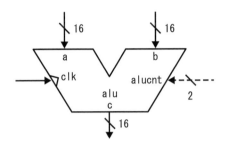

6 レジスタ・ファイルについて以下の問に答えよ．

(1) 図 6.45 のレジスタ・ファイル記述を以下のシンボルで示される非同期リセット付同期回
路に変更せよ．ただしリセットが入ったとき，レジスタ・ファイル内のすべてのデータは
0 にリセットされるものとする．

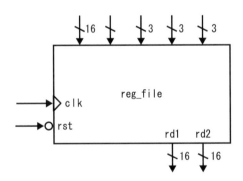

(2) 前問(1)で作成したレジスタ・ファイルを非同期リセットではなく同期リセットに変更す
るためにはどうすれば良いか．

(3) 前問(1)におけるレジスタ・ファイルの記述では，同じアドレスに対して書き込みと読み
出しを同時に行うことができない．すなわち図 3.24 における ADD 命令の WB ステージ
と SUB 命令の ID ステージが同時刻であっても ADD 命令結果の R2 を SUB 命令が受け取
ることができない．この動作を可能にする Verilog HDL 記述を求めよ．

第7章　オペレーティング・システムの基礎

7.1　割り込み処理のプログラム実行

　まず通常のプログラム実行について確認しておこう．プログラムの実行では，命令メモリに格納されたプログラムの命令が順番に読み出されて実行される．ある命令が読み出されて実行されると，その直後のアドレスに格納された命令が実行されるという具合に，命令メモリに格納された順番に命令列が実行される．また分岐命令のように，次に実行する命令のアドレスを指定する命令があると，直後のアドレスに格納された命令の代わりに指定されたアドレス（分岐先アドレス）に格納された命令が読み出されて実行される．いずれにしても，通常のプログラム実行ではプログラム中の命令列で指定された順番で命令が実行される．

　図7.1に，通常のプログラム実行の流れを示す．図7.1（a）に示すように命令列が順番に実行される場合には，アドレスmに格納された命令mの実行の後，この命令mの直後のアドレスm+1に格納された命令m+1が実行され，さらにその次には，続くアドレスm+2に格納された命令m+2が実行される．

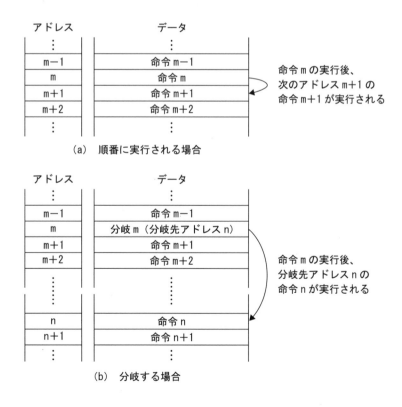

図7.1　通常のプログラム実行

　また図7.1（b）に示すように分岐する場合には，アドレスmに格納された命令が分岐mという分岐命令だったとすると，その分岐mの実行により分岐mの直後のアドレスm+1に格納された命令m+1の代わりに，分岐mで指定された分岐先アドレスnに格納された命令nが実行される．命令nの実行後は，特に命令nが分岐命令でなければ，続くアドレスn+1に格納された命令n+1が実行される．

　これに対して割り込み処理の場合，プロセッサ外部からの**割り込み要求**により通常のプログラム実行とは異なるアドレスの命令が読み出されて実行される．すなわち，図7.1（a）に示すような実行された命令mの直後の命令m+1や，図7.1（b）に示すような分岐先アドレスの命令nの代わりに，5.2節EITベクタ・エントリの外部割り込みベクタ・アドレスに格納されたアドレスの命令が読み出されて実行される．外部割り込みベクタ・アドレスに格納されたアドレスから始まる外部割り込み処理用のプログラムのことを，**外部割り込みハンドラ**または簡単に**割り込みハンドラ**とよんでいる．このように割り込み処理は，割り込み要求によって通常のプログラムの実行が中断されて，割り込みハンドラに分岐するような動作となる．

　図7.2に，割り込み処理でのプログラム実行の流れを示す．図7.2（a）は，図7.1（a）に示したように，順番に実行される命令の途中で割り込み要求が発生した場合のプログラム実行の流れを示している．アドレスmに格納された命令mの実行中に割り込み要求が発生した場合，この命令mの実行終了後，命令mの直後のアドレスm+1に格納された命令m+1が実行される代わりに，外部割り込みベクタ・アドレスevに格納されたアドレスehから始まる割り込みハンドラに分岐して，アドレスehに格納された命令ehが実行される．

　また図7.2（b）は，図7.1（b）に示した分岐命令の実行中に割り込み要求が発生した場合のプログラム実行の流れを示している．アドレスmに格納された分岐mの実行中に割り込み要求が発生した場合，この分岐mの実行終了後，分岐mで指定された分岐先アドレスnに格納された命令nが実行される代わりに，外部割り込みベクタ・アドレスevに格納されたアドレスehから始まる割り込みハンドラに分岐して，アドレスehに格納された命令ehが実行される．

　割り込み要求は，5.5節で述べた割り込みコントローラからの割り込み信号によってプロセッサに通知される．割り込みコントローラは，複数の外部装置や内蔵周辺回路から図5.8に示す割り込み制御レジスタICRの割り込み要求ビットREQを介して通知される割り込み要求を検知する．そして，割り込み制御レジスタICRの割り込み優先レベルI_RANKと，図5.9に示す割り込みマスク・レジスタIMRの割り込みマスクI_MASKの値と比較して優先度が高い割り込み要求があった場合には，割り込み信号によって割り込み要求の発生をプロセッサに通知する．割り込み要求を発生させる外部装置としては，キーボードやマウスやグラフィック・ディスプレイなどの入出力装置が代表的なものである．

　たとえばキーボードの場合には，キーが押されることによって割り込み要求が発生する．そして，押されたキーの入力データを読み込んで解釈する処理のプログラムが，割り込みハンドラに記述されることになる．

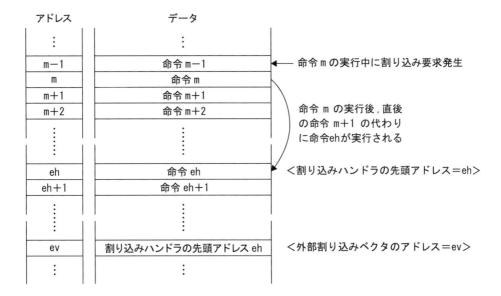

（a） 命令の実行中に割り込み要求が発生した場合

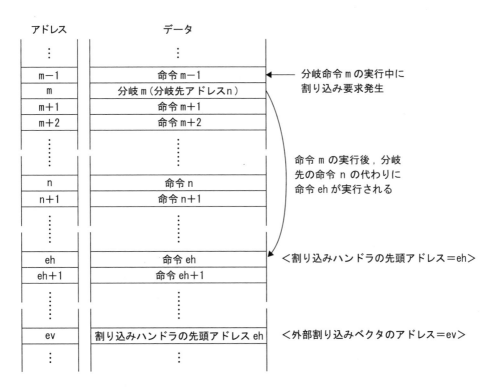

（b） 分岐命令の実行中に割り込み要求が発生した場合

図 7.2　割り込み処理でのプログラム実行

7.2 割り込みハンドラのプログラミング

　割り込み処理では，割り込み要求の発生によって通常のプログラム実行が中断されて割り込みハンドラに分岐する．割り込みハンドラでは，割り込み要求を発生させた入出力装置からデータを読み込むなどの処理を実行する．割り込みハンドラの実行終了後に中断されていたプログラムの実行が再開される．

　したがって，5.4.1 項のプッシュ操作に示すように割り込みハンドラの最初の部分には，割り込みハンドラの実行終了後に中断されていたプログラム実行を再開するための情報を記録しておく処理が記述される．このような，プログラム再開に必要な情報のことをプログラム実行の**コンテキスト情報**とよび，それを記録しておくことをコンテキスト情報の**セーブ**（**save**）とよんでいる．コンテキスト情報の主なものは，中断されたプログラムを再開する命令アドレスとプログラム中断時のプロセッサ・ステータス・ワード・レジスタ（PSW）の値とレジスタ値である．中断されたプログラムを再開する命令アドレスのことを，以後**再開アドレス**とよぶことにしよう．割り込みハンドラの最初の部分でセーブされたコンテキスト情報は，割り込みハンドラの実行終了後に中断されていたプログラム実行を再開するときに参照される．すなわち，5.4.2 項のポップ操作に示すようにセーブされていた PSW の値を PSW に設定し，セーブされていたレジスタ値をレジスタに設定し，再開アドレスに分岐することによって中断されていたプログラムの実行が再開される．このように，コンテキスト情報としてセーブされていた PSW の値やレジスタの値を PSW やレジスタに設定し直すことを，コンテキスト情報の**リストア**（**restore**）とよんでいる．

　ここまで見てきたように，割り込みハンドラのプログラムは次の4つの部分から構成されている．

① コンテキスト情報のセーブ
② 割り込み処理の実行
③ コンテキスト情報のリストア
④ 再開アドレスへの分岐

　図 7.3 に，割り込みハンドラの概要とコンテキスト情報について示す．命令 m の実行中に割り込み要求が発生すると，命令 m の実行後に命令 m+1 の代わりに割り込みハンドラ先頭の命令 eh が実行される．アドレス eh から始まる割り込みハンドラの最初の部分には，コンテキスト情報のセーブが記述されている．この場合，コンテキスト情報の1つである再開アドレスは，プログラムが命令 m の実行後に中断されたのだから，命令 m に続いて実行されるはずだった命令 m+1 のアドレス m+1 になる．

　また，コンテキスト情報の PSW 値やレジスタ値は，割り込みハンドラの実行直前の PSW 値やレジスタ値になる．そして，割り込み処理の実行後，コンテキスト情報のリストアによって PSW の値やレジスタの値が割り込みハンドラの実行直前の値に設定し戻され，再開アドレス m+1 に分岐することによって元のプログラムの実行が命令 m+1 から再開される．

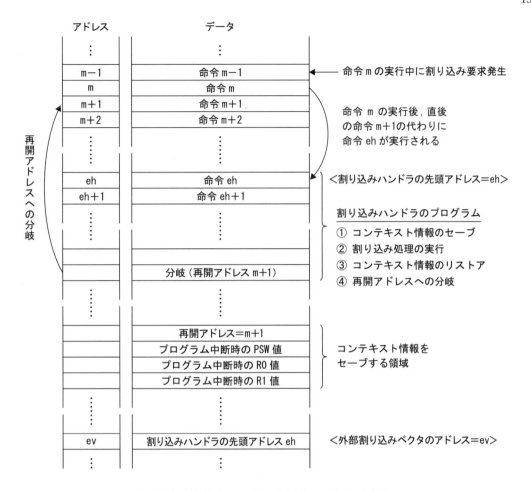

図 7.3　割り込みハンドラの概要とコンテキスト情報

7.3　多重割り込みと割り込み受付制御

　複数の割り込み要求が続けて発生した場合について考えてみよう．ある割り込み要求が発生して割り込みハンドラに分岐し，割り込みハンドラの実行を開始する前に別の割り込み要求が発生した場合，先行する割り込みハンドラの実行を延期して後続の割り込みハンドラに分岐してその割り込みハンドラの実行を開始するのだろうか．このように続けざまに複数の割り込み要求が発生することを**多重割り込み**とよび，割り込み処理のプログラミングでよく注意して考えておくべき問題の 1 つになっている．

　多重割り込みの処理で最も問題になるのは，先に発生した割り込み要求に対して割り込みハンドラに分岐してコンテキスト情報をセーブする前に，後から発生した別の割り込み要求に対して割り込みハンドラに分岐してその割り込みハンドラが先に実行されることによって，先行する割り込みハンドラでセーブすべきコンテキスト情報がセーブする前に書き換わってしまったり，先行する割り込みハンドラでセーブすべきプログラムの再開アドレスの情報が失われてしまったりする場合で

ある．このような事態になると，先に発生した割り込み要求に対して正しいコンテキスト情報をセーブすることができないため，セーブされたコンテキスト情報をリストアして再開アドレスに分岐した場合にも，中断されていたプログラムの実行を正しく再開することができなくなってしまう．

図7.4で，この多重割り込みの問題を具体的に見てみよう．図7.4（a）に示す通常の割り込み処理のプログラム実行では，命令mの実行中に割り込み要求Aが発生すると，命令mの実行終了後に割り込みハンドラAに分岐してコンテキスト情報がセーブされる．このときセーブされる命令アドレスは，命令mの直後のアドレスであるm+1になる．割り込みハンドラAで割り込み処理を実行した後，コンテキスト情報をリストアしてセーブされていた再開アドレスm+1に分岐することによって中断されていたプログラム実行が再開される．これに対して多重割り込みでは，図7.4（b）に示すように命令mの実行中に割り込み要求Aが発生して，命令mの実行終了後に割り込みハンドラAに分岐している途中で，新たな割り込み要求Bが発生する場合がある．このような場合に，割り込みハンドラAに分岐した直後に，割り込み要求Bによってさらに割り込みハンドラBに分岐したとしよう．

すると，割り込みハンドラBでセーブされる再開アドレスは，次に実行されるはずだった命令のアドレスだから割り込みハンドラAの先頭アドレスehAになる．割り込みハンドラBの実行終了後，セーブされていた再開アドレスehAに分岐してようやく割り込みハンドラAの実行が始まり，コンテキスト情報がセーブされる．割り込みハンドラAでセーブされる再開アドレスは正しくは命令mの直後のアドレスであるm+1でなければならないが，実際には割り込みハンドラBの実行終了後に割り込みハンドラAの先頭アドレスehAに分岐したのだから，再開アドレスがm+1であるという情報は失われてしまっている．したがって，割り込みハンドラAの実行終了後，再開アドレスm+1に分岐することによってプログラム実行を再開することができなくなってしまう．

正しく設計されたプロセッサでは，多重割り込みの場合にも図7.4（b）のような間違った処理は起きない．ここで，図7.4（b）の多重割り込みの処理で何が間違っていたのかというと，割り込みハンドラAに分岐した直後に続けて割り込みハンドラBに分岐した点が間違っていた．正しい多重割り込みの処理では，割り込みハンドラAに分岐している途中で重ねて新たな割り込み要求Bが発生した場合でも，すぐに割り込みハンドラBに分岐することはなく，割り込みハンドラAの実行終了後に割り込みハンドラBに分岐する．

このように，多重割り込みに際して先に発生した割り込み要求に対して割り込みハンドラに分岐して割り込み処理が終了するまで，後で発生した割り込み要求に対する割り込みハンドラへの分岐を待たせる機能を実現しているのが**割り込み受付制御**である．割り込み受付制御は，5.3節に示したプロセッサ・ステータス・ワード・レジスタ（PSW）のIE（Interrupt Enable）ビットの操作として実現されている．まずIEビットが0の場合，プロセッサは割り込み受付禁止の状態であり，割り込み要求が発生していても割り込みハンドラへの分岐は起きない．そしてIEビットが1の場合，プロセッサは割り込み受付許可の状態であり，その状態で割り込み要求が発生した場合には実行中の命令終了後に割り込みハンドラに分岐する．

さらに重要なことは，割り込みハンドラへの分岐とともにPSWのIEビットの値が0に，同じくPSWにあるBIE（Backup IE）ビットの値が1に設定されることである．その結果，割り込みハ

ンダラへの分岐とともにプロセッサは割り込み受付許可から割り込み受付禁止に状態を変える．以下に，プロセッサの割り込み受付制御の機能をまとめておく．

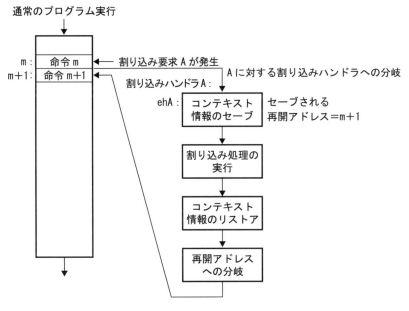

(a)　通常の割り込み処理のプログラム実行

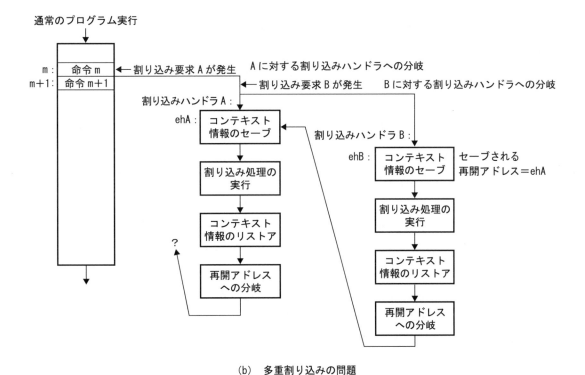

(b)　多重割り込みの問題

図 7.4　割り込み処理のプログラム実行と多重割り込みの問題

プロセッサの割り込み受付制御：
　IF（PSWのIEビットが1の場合）
　　IF（割り込み要求が発生すれば）
　　　そのとき実行中の命令終了後，IE＜-0，BIE＜-1，割り込みハンドラに分岐する．
　　ELSE（割り込み要求が発生しなければ）
　　　そのとき実行中の命令終了後に，次に実行すべき命令を実行する．
　ELSE（PSWのIEビットが0の場合）
　　IF（割り込み要求が発生していても）
　　　そのとき実行中の命令終了後に，割り込み要求は無視して次に実行すべき命令を実行する．
　　ELSE（割り込み要求が発生しなければ）
　　　そのとき実行中の命令終了後に，次に実行すべき命令を実行する．

　なお，このような割り込み受付制御の機能はプロセッサのハードウエアで実現されており，IEビットへの0の設定，BIEビットへの1の設定，割り込みハンドラへの分岐は一連の動作としてハードウエアによって実行される．

　また，割り込みハンドラの実行終了後の再開アドレスへの分岐には，第5章で述べたように，この用途専用の命令であるRTE（ReTurn from EIT）命令が使われる．RTE命令を実行すると，PSWのBIEビットの値がIEビットにコピーされた後に再開アドレスに分岐する．割り込みハンドラに分岐した際，割り込み受付制御によってIEビットの値は0に，BIEビットの値は1に設定されているから，割り込みハンドラの実行終了の際にRTE命令を実行すると，IEビットの値が1に設定されてから再開アドレスに分岐する．すなわち，RTE命令の実行前はプロセッサは割り込み受付禁止の状態にあるが，RTE命令の実行後に割り込み受付許可の状態になる．以下にRTE命令の機能をまとめておく．

　RTE命令の機能：
　　IE＜-BIE，再開アドレスに分岐する．

　図7.5で，割り込み受付制御とRTE命令によって正しく実現された多重割り込みの処理を見てみよう．命令mの実行中に割り込み要求Aが発生し，命令mの実行直後に割り込みハンドラAに分岐する途中で新たな割り込み要求Bが発生した場合について考えてみる．

　このような場合，割り込みハンドラAへの分岐と同時にPSWのIEビットの値が0に設定されてプロセッサが割り込み受付禁止の状態になるので，割り込みハンドラAへの分岐後にさらに続けて割り込みハンドラBに分岐することはない．割り込み要求Bは受け付けられずに，割り込みハンドラAがアドレスehAから実行される．割り込みハンドラAの最初の部分では，再開アドレスとして命令mの次に実行する予定だった命令m+1のアドレスm+1がセーブされる．そして，割り込みハンドラAの実行終了の際にRTE命令を実行すると，IEビットの値が1に設定されると同時にセーブされていた再開アドレスm+1に分岐する．RTE命令の実行直後，IEビットの値が1なのでプロセッサは割り込み受付許可の状態になる．割り込み要求Bが発生していなければ命令

m+1 からプログラムの実行が再開されるが，この場合には割り込み要求 B が発生しているので命令 m+1 を実行せず，この時点で割り込みハンドラ B に分岐し，それと同時に IE ビットの値が 0 に設定されて割り込み受付禁止の状態になる．割り込みハンドラ B の最初の部分でセーブされる再開アドレスは，RTE 命令の次に実行する予定だった命令 m+1 のアドレス m+1 である．割り込みハンドラ B の実行終了の際に RTE 命令を実行すると，IE ビットの値が 1 に設定されると同時にセーブされていた再開アドレス m+1 に分岐して，命令 m+1 からプログラムの実行が再開される．このように，PSW の IE ビットを使った割り込み受付制御と RTE 命令によって多重割り込みを正しく処理することができる．

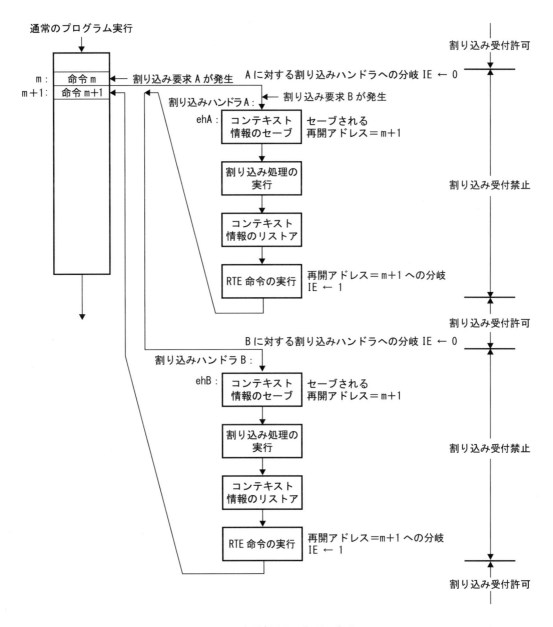

図 7.5 多重割り込み処理の実現

7.4　割り込み要求の取りこぼしとタスク

　前節で述べたように，割り込み要求が複数発生した場合にも正しく割り込み処理が行えるように，割り込みハンドラは割り込み受付禁止の状態で実行され，割り込みハンドラの実行終了後に割り込み受付許可の状態になる．ある割り込みハンドラの実行中に発生した別の割り込み要求は，実行中の割り込みハンドラが終了して割り込み受付許可の状態になるまで受け付けられず，割り込み処理を待たされることになる．

　このことによって新たに問題となるのは，図7.6に示すように割り込みハンドラの実行に時間がかかりすぎると，その実行中に発生した別の割り込み要求が受け付けを待っている間に，待たされている割り込み要求に関連した入力データの値が変化して正しく処理できなくなってしまう可能性があることである．このように，受け付けを待たされている間に割り込み要求に関する状態が変化して正しく割り込み処理が行えなくなることを，**割り込み要求の取りこぼし**とよんでいる．

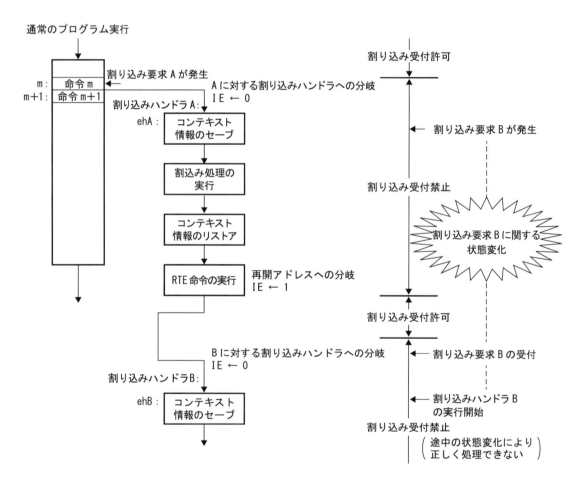

図 7.6　割り込み要求の取りこぼし

　割り込み要求の取りこぼしをなくすには，割り込みハンドラの実行時間を短くすることによって割り込みハンドラによる割り込み受付禁止の時間を短くするしかない．実行中の割り込みハンドラを短時間で終了させれば，その間に発生した割り込み要求を取りこぼすことなく受け付けることができる．しかし実際の割り込み処理では，単に入力データを読み込むだけでなく読み込んだデータの値を判別したり変換するなど複雑な処理が必要な場合が多く，これをすべて割り込みハンドラの中で処理すると割り込みハンドラの実行時間が長くなってしまう可能性が高い．

　そこで割り込みハンドラの実行時間をできるだけ短くする一方で，複雑な割り込み処理を実行できるようにする目的で導入されたのが**タスク**（**Task**）である．タスクはプログラムの一種で，その処理内容を記述したプログラムを**タスク・プログラム**とよんでいる．割り込みハンドラが割り込み受付禁止で実行されるのに対して，タスク・プログラムは割り込み受付許可で実行されるのでタスク実行中に割り込み要求の受け付けが可能である．このタスクを使うことによって，割り込み処理は割り込みハンドラのプログラムの部分とタスク・プログラムの部分の2つに分けてプログラミングすることができる．

　割り込みハンドラには，割り込み受付禁止で実行しなければならない最小限の処理，すなわちコンテキスト情報のセーブ，入力データのメモリへの格納，コンテキスト情報のリストアを記述し，その他の処理をタスクに引き継ぐ．タスクには，メモリに格納してあった入力データを読み出して判別したり変換するなど，複雑で時間がかかる処理を記述する．タスク・プログラムの実行中は，割り込み要求の受け付けが可能なので割り込み要求の取りこぼしは避けられる．

　図 7.7 に，割り込みハンドラとタスクによる割り込み処理の概要を示す．割り込み要求が発生するとまず割り込みハンドラに分岐し，コンテキスト情報をセーブした後に，割り込み受付禁止で実行しなければならない最小限の割り込み処理を実行する．たとえば，入力データをメモリのバッファ領域に格納しておくなどの処理である．その後，この割り込み要求に関してさらに複雑な処理を行うためにプログラミングされたタスク T を起床させる．タスクの起床は，iwup_tsk（WakeUP TaSK）というプログラム・ファンクションをコールすることによって実行される．この iwup_tsk は，7.5 節で述べるようにオペレーティング・システム（OS）のプログラムの一部として定義された**サービスコール**とよばれるファンクションの1つである．サービスコールの機能についてはこの iwup_tsk も含めて 7.6 節でまとめて説明する．

　割り込みハンドラでは，タスク T の起床後，コンテキスト情報をリストアした後に割り込みハンドラからの復帰処理を実行する．ここで注意してほしいのは，図 7.6 までで説明してきた割り込みハンドラでは割り込みハンドラからの復帰は RTE 命令の実行として実現されていたが，それとは違って図 7.7 の割り込みハンドラでは復帰処理としてさらにいくつかの処理が必要だということである．

　具体的に述べると，復帰にあたって単純に元のプログラム実行に戻るだけではなく，図 7.7 の復帰処理には新たに起床されたタスクのタスク・プログラムも含めて，割り込みハンドラからの復帰後に実行するプログラムを選択する処理が含まれている．また割り込み受付制御の状態を禁止から許可に変更する処理も含まれている．このような割り込みハンドラからの復帰処理は，ret_int（RETurn from INTerrupt）というプログラム・ファンクションをコールすることによって実行さ

れる．この ret_int もまた OS のサービスコールである．サービスコール ret_int の機能についても 7.6 節で説明する．

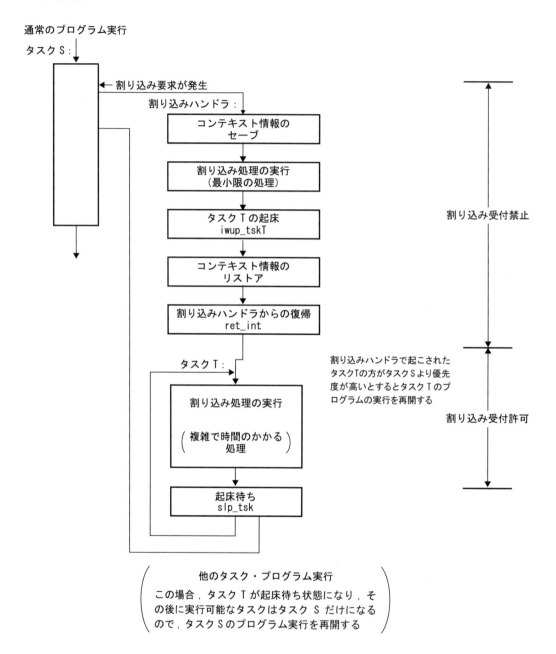

図 7.7　割り込みハンドラとタスクによる割り込み処理

　図 7.7 で ret_int がコールされた時点では，先に実行された iwup_tsk によってタスク T が起床されて実行可能になっているので，元のプログラム再開とタスク T のプログラム実行のどちらを実行するのかを決めなければならない．なお，タスクを使ったプログラミングでは元のプログラムも別のタスクのタスク・プログラムとして記述されており，図 7.7 ではタスク S のプログラムとして

表されている．サービスコール ret_int は，その時点で実行可能なタスク S とタスク T の**優先度**を比較し，この例ではタスク T の方が優先度が高いのでタスク T のプログラムの実行を再開し，同時に割り込み受付許可状態に移行する．

　タスク T では，割り込みハンドラでは実行しなかった複雑で時間がかかる割り込み処理を割り込み受付許可状態で実行する．たとえば，メモリのバッファ領域に格納してあった入力データを読み出して判別して変換するなどの処理である．そのような処理の実行後にタスク T はサービスコール slp_tsk（SLeeP TaSK）のコールによって起床待ちの状態に入る．

　すなわち，再び割り込みハンドラによって起床されるまで実行可能にならない．タスク T で slp_tsk がコールされると，タスク T の状態を起床待ちの状態に変更し，その時点で実行可能なタスクの中から最も優先度が高いタスクのプログラムの実行を再開する．この例ではタスク S しか実行可能なタスクがないのでタスク S のプログラムを再開し，タスク S が割り込み要求を受け付けた際の再開アドレスからプログラム実行を再開する．サービスコール slp_tsk の機能についても 7.6 節で説明する．そしてタスク S のプログラムの実行中，また別のタイミングで再び割り込み要求が発生すると，再び割り込みハンドラに分岐して最小限の割り込み処理を実行した後にタスク T が起床される．そして割り込みハンドラからの復帰時にタスク T のプログラムが再開され，複雑な割り込み処理が実行した後に slp_tsk によってまた次の割り込み要求の発生を待つ．このように，割り込みハンドラとタスクの組み合わせによって割り込み処理は実現されている．

　参考までにもう少し説明を追加しておこう．図 7.7 では割り込みハンドラからタスクを起床させているが，タスクから別のタスクを起床させることもできる．割り込みハンドラからタスクを起床させる場合は iwup_tsk サービスコールを使い，タスクから別のタスクを起床させる場合は wup_tsk（WakeUP TaSK）というサービスコールを使う．

　前者の iwup_tsk は割り込み受付禁止でコールされ，指定されたタスク（図 7.7 ではタスク T）の状態を起床待ちの状態から実行可能状態にするが割り込み受付状態は変更せず，このサービスコールの実行後にその割り込みハンドラの処理が継続される．これに対して後者の wup_tsk は，割り込み受付許可のタスク・プログラムでコールされ，指定されたタスクの状態を起床待ちの状態から実行可能状態にした後に自分のタスクと起床されたタスク，そしてその時点で実行可能状態にあるタスクの優先度を比較して最も優先度が高いタスクのタスク・プログラムの実行を再開する．その結果，wup_tsk の場合にはこのサービスコールの実行後に別タスクの実行が再開される可能性がある．このように，タスクの起床という目的は同じだが異なる処理が必要になるので異なるサービスコールが提供されているのである．サービスコール wup_tsk の機能についても 7.6 節で説明する．

7.5　オペレーティング・システムの役割

　プログラム全体を割り込みハンドラとタスクという 2 種類のプログラムの集まりとして記述するためにさまざまなサービスコールを提供して，割り込みハンドラやタスクのプログラムから呼び出せるようにしているのが**オペレーティング・システム**（Operating System，略して **OS**）とよばれ

るプログラムである．図 7.7 でも見たように，OS は割り込みハンドラとタスクとの間や，タスクとタスクとの間でプログラムの実行制御をしたり，データをやり取りするためのさまざまなサービスコールを提供している．

　図 7.8 に，割り込みハンドラ，タスク，OS から構成されるプログラムの概念を示す．この図に示すように，割り込み要求の受け付けによって割り込みハンドラが実行される場合以外は，割り込みハンドラからタスクを起動したり，あるタスクの状態変化によって実行中のタスクが中断されて別のタスクの実行が再開されたりするといったように，割り込みハンドラとタスクとの間の実行制御や，タスクとタスクとの間の実行制御はすべて OS によって実現されている．

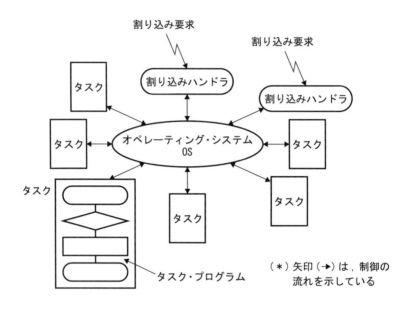

図 7.8　割り込みハンドラ，タスク，OSから構成されているプログラム

　このことからわかるように，OS の主な役割はタスクの実行制御である．OS はタスクごとに個別にメモリ領域を確保しており，そのメモリ領域にはタスクの実行制御に使うデータが格納してある．このようなタスクごとのメモリ領域を**タスク制御ブロック**（Task Control Block，略して **TCB**）とよんでおり，TCB には主に次のようなデータが格納されている．

　① TCB を待ち行列につなぐためのポインタ
　② タスク ID
　③ タスクの状態
　④ タスクの優先度
　⑤ タスク・プログラムのプログラム領域のアドレス
　⑥ タスク・プログラムのデータ領域のアドレス
　⑦ コンテキスト情報の格納領域

　図7.9にTCBの構成例を示す．この例に沿ってTCBに格納されるデータについて説明しよう．

　まず，① TCB を待ち行列につなぐためのポインタであるが，TCB は待ち行列につないで管理する場合が多く，①はその待ち行列構成用のポインタである．この例ではTCB の挿入や削除がしやすいように双方向リンクが使われている．②のタスクIDはタスクそれぞれに設定されたIDである．③のタスクの状態と④のタスクの優先度は，タスクの実行制御に使う重要なデータで後で詳しく説明する．⑤はそのタスクのタスク・プログラムのプログラム領域のアドレスで，⑥はそのタスクのタスク・プログラムの実行に使うデータ領域のアドレスである．この例では⑥のデータ領域のアドレスとして，変数用のデータ領域とスタック用のデータ領域の２つのアドレスが格納されている．そして⑦のコンテキスト情報の格納領域は，OS がそのタスクの実行を中断する場合にタスク・プログラムの再開アドレスや中断時の PSW 値，レジスタ値をセーブする領域である．したがって，再開アドレスは⑤で指定されたプログラム領域のどこかの命令を指していることになる．そして，OS がそのタスクの実行を再開する場合には，⑦の領域に格納されているコンテキスト情報をリストアすることによってタスク・プログラムの実行を再開する．

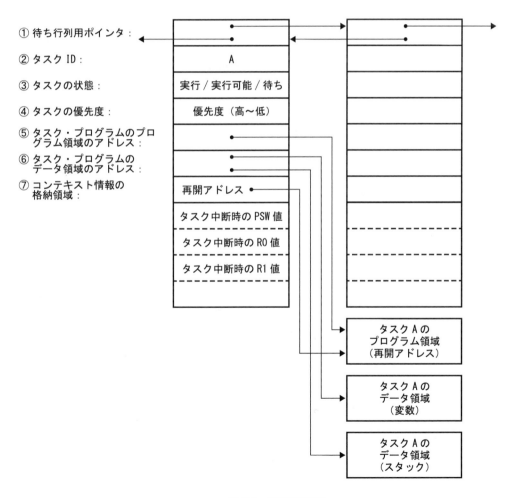

図7.9　TCBの構成例

　③のタスクの状態と④のタスクの優先度は，ともに OS がタスクの実行制御に使う情報である．③はタスクの実行に関する状態を示し，④は同じ状態のタスクの中からどのタスクの実行を優先するかを示す．③に格納されるタスクの状態は，主として次の３つである．

（1）実行状態（Running）
（2）実行可能状態（Ready）
（3）待ち状態（Wait）

　タスクの状態が**実行状態**の場合，そのタスクがプロセッサでまさに実行中であることを示している．実行状態のタスクは通常１つしかない．これに対してタスクの状態が**実行可能状態**の場合，実行条件はすべて整っているが自分のタスクより高い優先度をもつ他のタスクがプロセッサで実行されているために，自分のタスクはまだ実行されていない状態にあることを示している．実行可能状態のタスクは複数存在する可能性がある．実行中のタスクが終了したり中断されたりして実行状態ではなくなった場合に，実行可能状態のタスクの中から最も優先度の高いタスクをOSが選んで，そのタスクを実行する．選ばれたタスクは実行可能状態から実行状態に遷移する．

　また，タスクの状態が図 7.7 の起床待ちの状態のように**待ち状態**の場合，割り込みハンドラや他のタスクがサービスコールによってそのタスクの待ち状態を解除してくれるまで実行可能状態にはなれない．すなわち，待ち状態にあるタスクとは，待ち状態が解除されていないので実行条件が整っていないタスクのことである．待ち状態のタスクもさまざまな待ち状態の種類に応じて複数存在する可能性がある．

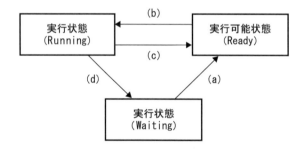

- **実行状態（Running）：**　プロセッサで実行されている状態．
- **実行可能状態（Ready）：**　実行条件は整っているが，他に優先度の高いタスクが実行されているのでCPUが空くのを待っている状態．この状態のタスクはレディ・キューに連結されている．
- **待ち状態（waiting）：**　何かを持っていて,実行条件が整っていない状態．この状態のタスクはレディ・キューには連結されていないが待っていたイベントが発生して条件が整うと実行可能状態に移ってレディ・キューに連結される．

図 7.10　タスクの状態遷移

図 7.10 にタスクの状態遷移を示す．このタスクの状態遷移について，図 7.7 の例に基づいて考えてみよう．割り込みハンドラの中で iwup_tsk のコールによって起床されたタスク T は，待ち状態から実行可能状態に遷移する（図 7.10 の矢印（a）の状態遷移である）．さらに，割り込みハンドラの実行終了の際に ret_int がコールされ，その時点で優先度が最も高いタスクが T だとすると，タスク T は実行可能状態から実行状態に遷移して実行再開される（矢印（b）の状態遷移である）．一方，それまで実行中だったタスク S は実行状態から実行可能状態に遷移して実行中断される（矢印（c）の状態遷移である）．また，タスク T での割り込み処理の終了後に slp_tsk をコールして起床待ちになったタスク T は，実行状態から待ち状態に遷移する（矢印（d）の状態遷移である）．

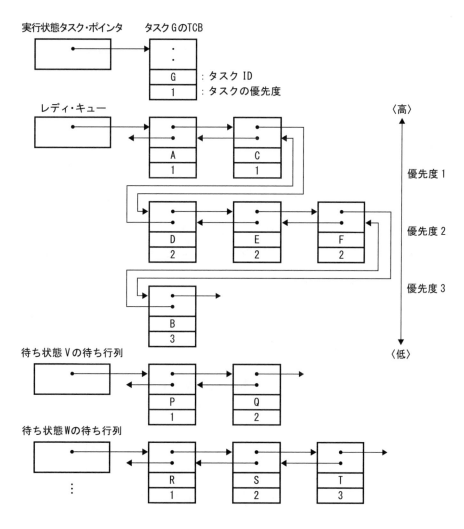

図 7.11　タスク状態遷移を実現するためのデータの構造の例

タスクの状態遷移は，実行状態のタスクの TCB を示すポインタ，実行可能状態のタスクの TCB が優先度順につながれた待ち行列，待ち状態の種類ごとに待ち状態のタスクの TCB がつながれた待ち行列という 3 つのデータ構造とその操作によって実現されている．このなかで，実行可能状

態タスクの TCB が優先度順につながれた待ち行列は特に重要であり，この待ち行列は**レディー・キュー**（Ready Queue）とよばれている．**図 7.11** に，タスク状態遷移を実現するためのデータ構造の例を示す．

　図 7.11 では，タスク G が実行状態にあり，タスク A，C，D，E，F，B はこの順で優先度が高く，実行可能状態でレディ・キューにつながれている．また，タスク P，Q は待ち状態で V の待ち行列につながれており，タスク R，S，T も同様に待ち状態で W の待ち行列につながれている．実行中のタスク G が何らかの理由で待ち状態 W に遷移した場合，OS は実行状態のタスク G の TCB の待ち行列用ポインタを操作してタスク G の TCB を待ち状態 W の待ち行列につなぐ．その後，実行可能状態のタスクの中からその時点で最も優先度の高いタスクとしてレディ・キューの先頭のタスク A の TCB を選び，タスク A の TCB を実行状態タスク・ポインタに設定して実行状態に移した後，タスク A の実行を再開する．また待ち状態 V の待ち行列につながれたタスク P の条件が整って実行可能状態になった場合には，OS はタスク P の TCB をレディ・キューにつなぐ．この際，タスク P の優先度は 1 なので，その優先度に応じて優先度 1 の待ち行列の末尾，すなわちタスク C とタスク D の間にタスク P の TCB をつなぐ．

　ところで，タスクの優先度と似た概念として，割り込みコントローラの割り込み制御レジスタ ICR における割り込み優先レベル I_RANK という概念がある（5.5.1 項参照）．両方とも割り込み処理の優先順位に関係することが多いので混乱しやすいが，この 2 つはまったく別の概念であるので注意してほしい．タスクの優先度が TCB 内のデータであるのに対し，割り込み優先レベルは ICR に設定された値である．優先すべき割り込み要求の割り込み優先レベルは高く設定することが多く，同様に優先すべき割り込み処理を実行するタスクの優先度も高く設定することが多いが，2 つの値は本来別物であり同じ値である必要はない．

7.6　OS のサービスコールの機能

　これまで出てきた OS のサービスコールの機能をまとめておこう．
（1）iwup_tsk（T）タスクID T;
　このサービスコールは割り込みハンドラの中でコールされ，T で指定されたタスクを起床させる機能をもっている．すなわち，タスク T が起床待ち状態（待ち状態の一種）にある場合，このタスクを実行可能状態に遷移させる．このサービスコールは割り込みハンドラの中でコールされるので割り込み受付禁止状態で動作する．サービスコール iwup_tsk の処理は以下のとおりである．

```
iwup_tsk（T）タスク ID T;
{
        タスク T が起床待ち状態にある場合に T を実行可能状態に移す；
        タスク T の TCB をレディ・キューにつなぐ；
}
```

（2）ret_int ()

　このサービスコールは割り込みハンドラの中でコールされ，割り込みハンドラを終了させる機能をもっている．割り込みハンドラの実行によって，実行中の自タスクより優先度が高いタスクが実行可能状態になっている可能性があるので，このサービスコールでは単に RTE 命令を実行して割り込み受付許可状態にして再開アドレスに分岐するだけでなく，タスクの状態遷移操作を行う可能性がある．サービスコール ret_int の処理は以下のとおりである．

　ret_int ()
　{
　　　/*割り込みハンドラの実行によって，実行中の自タスクより優先度が高いタスクが実行可能状態になっている可能性があるので */
　　　IF（レディ・キュー先頭のタスクの優先度が自タスクの優先度より高い場合）{
　　　　　自タスクの実行を中断して実行可能状態に移す；
　　　　　自タスクの TCB をレディ・キューにつなぐ；
　　　　　レディ・キュー先頭のタスクを実行状態に移して実行再開する；
　　　}
　　　IE←-1 によって割り込み受付許可して再開アドレスに分岐する（RTE 命令の実行）；
　}

（3）slp_tsk ()

　このサービスコールはタスク・プログラムの中でコールされ，実行中の自タスクを起床待ち状態（待ち状態の一種）に遷移させる機能をもっている．このサービスコールは割り込み受付許可状態で実行中のタスクからコールされるので，割り込み受付禁止にしてからタスクの状態を操作する必要がある．サービスコール slp_tsk の処理は以下のとおりである．

　slp_tsk ()
　{
　　　IE←-0 によって，割り込み禁止状態にする；
　　　実行中の自タスクの実行を中断して起床待ち状態に移す；
　　　自タスクの TCB を起床待ち状態の待ち行列につなぐ；
　　　レディ・キュー先頭のタスクを実行状態に移して実行再開する；
　　　IE←-1 によって割り込み受付許可して再開アドレスに分岐する（RTE 命令の実行）；
　}

（4）wup_tsk (T) タスクID T;

　このサービスコールは，タスク・プログラムの中から T で指定されたタスクを起床させる機能をもっている．すなわち，タスク T が起床待ち状態（待ち状態の一種）にある場合，このタスクを実行可能状態に遷移させる．このサービスコールは割り込み受付許可状態で実行中のタスクからコールされるので，割り込み受付禁止にしてからタスクの状態を操作する必要がある．サービスコー

ル wup_tsk の処理は以下のとおりである．

```
wup_tsk（T）タスク ID T;
{
        IE<-0 によって割り込み受付禁止にする；
        タスク T が起床待ち状態にある場合に T を実行可能状態に移す；
        タスク T の TCB をレディ・キューにつなぐ；
        /* これによってレディ・キューにタスク T がつながれ，さらにタスク T の優先度が
        実行中の自タスクの優先度より高い可能性があるので */
        IF（レディ・キュー先頭のタスクの優先度が自タスクの優先度より高い場合）{
            自タスクの実行を中断して実行可能状態に移す；
            自タスクの TCB をレディ・キューにつなぐ；
            レディ・キュー先頭のタスクを実行状態に移して実行再開する；
        }
        IE<-1 によって割り込み受付許可して再開アドレスに分岐する（RTE 命令の実行）；
}
```

7.7　OS を使った割り込み処理のプログラミング

これまでのまとめとして，OS を使った割り込み処理のプログラミングについて見てみることにしよう．**図7.12**に OS と割り込みハンドラ，タスクによる割り込み処理のフローを示す．この図は，図 7.7 の割り込み処理の例に対応させて OS のプログラムで実行される処理を明示したものなので，図 7.7 を適宜参照しながら見てほしい．

タスク S のプログラム実行中に発生した割り込み要求を受け付けて，割り込みハンドラに分岐する．割り込みハンドラでのコンテキスト情報のセーブ，割り込み処理の実行後，OS のサービスコール iwup_tsk が呼び出される．これにより起床待ち状態にあったタスク T は実行可能状態に移され，その TCB がレディ・キューにつながれる．割り込みハンドラでのコンテキスト情報のリストアの後，サービスコール ret_int が呼び出されて，割り込みハンドラの終了処理が行われる．このなかで実行中のタスク S の優先度とレディ・キュー先頭のタスク T の優先度が比較され，タスク S の優先度が低いのでタスク S は実行可能状態に移され，そのコンテキスト情報がタスク S の TCB にセーブされてレディー・キューにつながれる．次にタスク T が実行状態に移され，コンテキスト情報がタスク T の TCB からリストアされてタスク T の実行が再開される．

タスク T での割り込み処理の実行後，サービスコール slp_tsk が呼び出されて実行中のタスク T は起床待ち状態に移される．その結果，実行状態のタスクはなくなり，レディ・キュー先頭のタスク S が実行状態に移され，コンテキスト情報がタスク S の TCB からリストアされることによってタスク S の実行が再開される．このように OS の基本的な役割は，割り込みハンドラとタスクの実

行制御である．一般的な OS では，さらにこれに加えてタスクをプログラミングしやすくするためのさまざまなサービス機能が提供されているのが通常である．

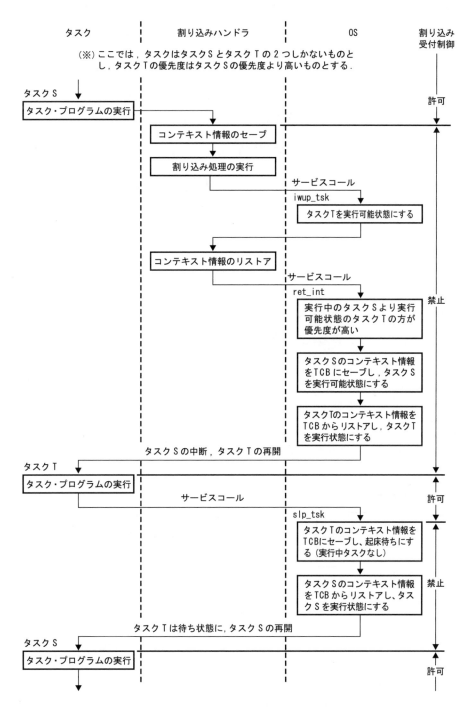

図 7.12 OS と割り込みハンドラとタスクによる割り込み処理

演習問題 7

1 プロセッサに割り込み処理の機能が備わっていなかった場合, 何が困るのか具体的に説明せよ.

2 分岐命令の実行中に割り込み要求が発生した場合に, コンテキスト情報としてセーブされる再開アドレスはどのような値になるか説明せよ.

3 割り込みハンドラからの終了後, プログラムの再開アドレスの分岐に対して, RTE命令ではなく, 通常の分岐命令を使ったら何が問題になるか, 説明せよ.

4 割り込み処理において, タスクが基本的に割り込み受付許可状態で実行される理由を説明せよ.

5 図7.11の状態から, タスクG, Aが相次いで待ち状態に遷移し, 次にタスクRが待ち状態から実行可能状態に遷移した. この時点で実行状態にあるタスクはどれか. そのタスクが待ち状態に遷移したとすると, 次に実行状態になるタスクはどれか.

6 OSの制御下では, 割り込みハンドラの実行終了が単なるRTE命令の実行では不十分な理由を説明せよ.

7 OSにおいてタスクA, B, C, D, E, F, G, H, J, K, Lが以下のデータ構造に組み込まれ, タスクGが実行状態, タスクKが待ち状態V待ち行列の先頭にいる. 図は各タスクのTCBを表している.
 (1) レディ・キューおよび, 待ち状態V待ち行列につながれているタスクのポインタ①～④を答えよ.
 (2) 実行中のタスクGが終了し待ち状態になったとき, 実行状態タスク・ポインタの値を求めよ.
 (3) 上記(2)のとき, 待ち状態V待ち行列はどうなるか.

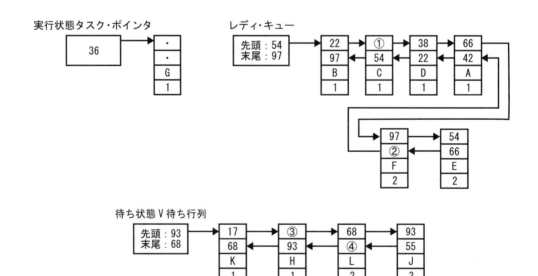

付録A　マイクロプロセッサが扱うデータ

　マイクロプロセッサはディジタル回路で構成されている．ディジタル回路が扱う信号は，H（High 電圧）とL（Low 電圧）の2種類であり，中間の電圧は存在しない．したがって，マイクロプロセッサが扱うデータは，Hを1に，Lを0に対応させた2進数である．そこで本章では2進数について述べる．

　本章で，2進数［10進数］は2進数と対応する10進数の表記である．

A.1　2進数の整数

A.1.1　2進数の10進数への変換

　2進数と10進数とを比較することにより2進数を理解する．例として3桁の10進数の整数「256」を各桁の和で表すと以下の式を得る．

$$256 = 200 + 50 + 6 = 2 \times 10^2 + 5 \times 10^1 + 6 \times 10^0$$

　このように10進数は，10の冪乗で表される．同様に2進数は2の冪乗で表される．2進数の例として10110を考える．これを10進数で表すと以下になる．

$$10110 \Rightarrow 1 \times 2^4 + 0 \times 2^3 + 1 \times 2^2 + 1 \times 2^1 + 0 \times 2^0 = 16 + 0 + 4 + 2 + 0 = 22$$

［練習A.1.1］2進数101011を10進数で表せ．

（解答）$101011 \Rightarrow 1 \times 2^5 + 0 \times 2^4 + 1 \times 2^3 + 0 \times 2^2 + 1 \times 2^1 + 1 \times 2^0 = 32 + 0 + 8 + 0 + 2 + 1 = 43$

A.1.2　10進数の2進数への変換

　10進数の45を2進数に変換してみる．45を超えない2の冪乗の最大数は$32(2^5)$であるので，45から32を取ると残りは13になる．

$$45 - 32 = 13$$

次に13を超えない2の冪乗の最大数は$8(2^3)$であるので，13から8を取ると残りは5になる．

$$13 - 8 = 5$$

次に5を超えない2の冪乗の最大数は$4(2^2)$であるので，5から4を取ると残りは1となる．

$$5 - 4 = 1$$

　したがって，45を2の冪乗で展開すると以下の式を得る．

$$45 = 32 + 8 + 4 + 1 = 1 \times 2^5 + 0 \times 2^4 + 1 \times 2^3 + 1 \times 2^2 + 0 \times 2^1 + 1 \times 2^0$$

　右辺にある2の冪乗の係数101101が45の2進数となる．この係数を求めるには**図A.1**に示すように，45を2で割って余りを求めることから始めて，以降は商を2で割り，余りを求めるという操作を繰り返せばよい．

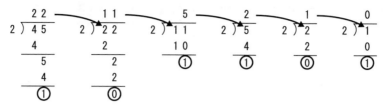

(a) 最下位桁　　(b) 2 桁目　　(c) 3 桁目　　(d) 4 桁目　　(e) 5 桁目　　(f) 最上位桁

図 A.1　10進数から2進数への変換

[練習A.1.2]　10進数37を2進数で表せ.

（解答）　100101

（解説）　$37 \div 2 = 18$ 余り 1（最下位桁）, $18 \div 2 = 9$ 余り 0（2桁目）, $9 \div 2 = 4$ 余り 1（3桁目）, $4 \div 2 = 2$ 余り 0（4桁目）, $2 \div 2 = 1$ 余り 0（5桁目）, $1 \div 2 = 0$ 余り 1（最上位桁）　　∴100101

A.2　2 進数の小数

A.2.1　2進数の10進数への変換

　小数も 2 進数と 10 進数を比較することにより 2 進数を理解する. 例として 3 桁の 10 進数の小数「0.256」を考える. 0.256 を各桁の和で表すと以下の式を得る.

$$0.256 = 0.2 + 0.05 + 0.006 = 0.256 = 2 \times 10^{-1} + 5 \times 10^{-2} + 6 \times 10^{-3}$$

　このように 10 進数は, 10 の冪乗で表される. 同様に 2 進数は 2 の冪乗で表される. 2 進数の例として 0.1101 を考える. これを 10 進数で表すと以下になる.

$$0.1101 \Rightarrow 1 \times 2^{-1} + 1 \times 2^{-2} + 0 \times 2^{-3} + 1 \times 2^{-4} = 0.5 + 0.25 + 0 + 0.0625 = 0.8125$$

[練習A.2.1]　2進数0.1111を10進数で表せ.

（解答）　$0.1111 \Rightarrow 1 \times 2^{-1} + 1 \times 2^{-2} + 1 \times 2^{-3} + 1 \times 2^{-4} = 0.5 + 0.25 + 0.125 + 0.0625 = 0.9375$

A.2.2　10進数の2進数への変換

　例として 10 進数の小数「0.7」を考える. 0.7 を 2 の冪乗で表すと以下の式を得る.

$$0.7 = a \times 2^{-1} + b \times 2^{-2} + c \times 2^{-3} + d \times 2^{-4} + e \times 2^{-5} + \cdots\cdots$$

　ここで, 係数 a, b, c, d, e, ・・・は 1 または 0 であり小数 2 進数の各桁に対応する. まず a を求めるために, 両辺に 2 をかけると以下の式を得る.

$$1.4 = a \times 2^{0} + b \times 2^{-1} + c \times 2^{-2} + d \times 2^{-3} + e \times 2^{-4} + f \times 2^{-5} + \cdots\cdots$$

　左辺が 1 を超えたので右辺の a = 1 となる. なぜなら a = 0 ならば右辺が 1 より小さいからである. 両辺から 1 を引き小数に戻すと次の式を得る.

$$0.4 = b \times 2^{-1} + c \times 2^{-2} + d \times 2^{-3} + e \times 2^{-4} + f \times 2^{-5} + \cdots \cdots$$

次に b を求めるために，両辺に 2 をかけると以下の式を得る．

$$0.8 = b \times 2^0 + c \times 2 - 1 + d \times 2 - 2 + e \times 2 - 3 + f \times 2 - 4 + \cdots \cdots$$

左辺は 1 より小さいので，b = 0 となる．なぜなら b = 1 ならば右辺が 1 を超えるからである．次に c を求めるために，両辺に 2 をかけると以下の式を得る．

$$1.6 = c \times 2^0 + d \times 2^{-1} + e \times 2^{-2} + f \times 2^{-3} + \cdots \cdots$$

左辺が 1 を超えたので右辺の c = 1 となる．両辺から 1 を引き小数に戻すと以下の式を得る．

$$0.6 = d \times 2^{-1} + e \times 2^{-2} + f \times 2^{-3} + \cdots \cdots$$

次に d を求めるために，両辺に 2 をかけると以下の式を得る．

$$1.2 = d \times 2^0 + e \times 2^{-1} + f \times 2^{-2} + \cdots \cdots$$

左辺が 1 を超えたので右辺の d = 1 となる．両辺から 1 を引き小数に戻すと以下の式を得る．

$$0.2 = e \times 2^{-1} + f \times 2^{-2} + \cdots \cdots$$

次に e を求めるために，両辺に 2 をかけると以下の式を得る．

$$0.4 = e \times 2^0 + f \times 2^{-1} + \cdots \cdots$$

左辺は 1 より小さいので，e = 0 となる．ここで，左辺が再び 0.4 になったので，f = b となり，f 以降 bcde が繰り返される．したがって，0.7 の 2 進数は以下になる．

$$0.7 \Rightarrow 0.1\_0110\_0110\_0110\_ \cdots \cdots$$

[練習A.2.2] 10進数0.8を2進数で小数点以下5位まで求めよ．

（解答）0.11001

（解説）求める2進数を0.abcdeとすると，

$$0.8 \times 2 = \underline{1}.6 \rightarrow a = 1$$
$$0.6 \times 2 = \underline{1}.2 \rightarrow b = 1$$
$$0.2 \times 2 = \underline{0}.4 \rightarrow c = 0$$
$$0.4 \times 2 = \underline{0}.8 \rightarrow d = 0$$
$$0.8 \times 2 = \underline{1}.6 \rightarrow e = 1$$

A.3 符号付 2 進数

A.3.1 「2の補数」

n ビット 2 進数の「2 の補数」は，最上位ビットのみを 1 とした n + 1 ビット 2 進数から n ビット 2 進数を減算した数である．

図 A.2 に 4 ビット 2 進数の「2 の補数」導出手法を示す．図 A.2(a)①式は，0011 の「2 の補数」である．最上位ビットのみが 1 の 5 ビット 2 進数 10000 = 1111 + 0001 であることを利用すると②式になり，下線部 1111 - 0011 を先に計算すると③式の 1100 になる（全ビットが 1 の被減

数から減算する場合，減算結果は減数の各桁の0と1を入れ替えた数になる）．結果，④式に示すように0011の「2の補数」は，1101となる．

逆に図A.2(b)に示すように1101の「2の補数」は0011となる．次項（A.3.2項）により負の2進数を定義すると1101は負数の -3 になる．すなわち，3の「2の補数」は -3，逆に -3の「2の補数」は3であり，加算すると0になる．

$$
\begin{array}{ll}
10000-0011 & \cdots① \\
= \underline{1111+0001-0011} & \cdots② \\
= \underline{1100}+0001 & \cdots③ \\
= 1101 & \cdots④
\end{array}
$$

(a) 0011の「2の補数」

$$
\begin{array}{ll}
10000-1101 & \cdots① \\
= \underline{1111+0001-1101} & \cdots② \\
= \underline{0010}+0001 & \cdots③ \\
= 0011 & \cdots④
\end{array}
$$

(b) 1011の「2の補数」

図A.2 4ビット2進数の「2の補数」導出手法

A.3.2 「2の補数」を用いた減算

図A.3に4ビットの2進数の減算結果が負の場合の減算を示す．①式に示すように，例として0011[3] – 0101[5] を計算する．期待値は -2 である．「2の補数」を利用するため，②式に示すように10000の加算と減算を追加し，+10000を1111 + 0001に置き換えると③式になる．③式の下線部の減算は0101の0と1を反転することで実現され④式になる．④式の加算を行うと⑤式になる．⑤式を10進数で計算すると，14 – 16 ＝ -2 となるので，1110 – 10000 の融合するため，–10000 ＝ –1000 –1000 を利用し，⑤式に代入すると⑥式になる．⑥式中の1110 – 1000を計算すると⑦式になる．⑦式で，2進数の –1000 は，10進数の -1×2^3，0110は，$0 \times 2^3 + 1 \times 2^2 + 1 \times 2^1 + 0 \times 2^0$ なので融合すると $-1 \times 2^3 + 1 \times 2^2 + 1 \times 2^1 + 0 \times 2^0 = -2$ となり上記期待値と一致する．そこで最上位ビット（2^3の係数）の1を負数とすると⑧式に示すように負の2進数1110を定義することができる．

この定義をA.3.1項の1101に適用すると，10進数は，$-1 \times 2^3 + 1 \times 2^2 + 0 \times 2^1 + 1 \times 2^0 = -8 + 4 + 1 = -3$ となる．

$$
\begin{array}{lll}
0011 - 0101 & & \cdots① \\
= 0011 - 0101 & + 10000 - 10000 & \cdots② \\
= 0011 \underline{- 0101 + 1111} + 0001 - 10000 & & \cdots③ \\
= 0011 + \underline{1010} + 0001 & - 10000 & \cdots④ \\
= 1110 & - 10000 & \cdots⑤ \\
= \underline{-1000} + 1110 \underline{- 1000} & & \cdots⑥ \\
= -1000 + 0110 & & \cdots⑦ \\
= 1110 & & \cdots⑧
\end{array}
$$

図A.3 4ビット2進数の減算結果が負の場合の減算

A.3.3　符号付2進数の範囲

　図 A.3 の⑧式で示したように負数の場合，最上位ビットの 1 のみが負であり，最上位以外の下位ビットはすべて正であるので，符号付 2 進数の最小値は，最上位ビットのみ 1 で，最上位以外の下位ビットはすべて 0 である.

　4 ビット 2 進数の場合，最小値は 1000 すなわち −8 であり，1001[−7]，1010[−6]，…と下位 3 ビットが大きくなるほど 0000[0] に近づき，0 を超えると，0001[1]，0010[2]，…と正数に転じ，最大値は 0111[7] になる. 符号無 2 進数ならば 0111[7] の次は 1000[8] であるが，符号付 2 進数においては 1000 は負数 −8 である. したがって最大値は 0111[7] になる.

　図 A.4 に 4 ビット符号付 2 進数の範囲を示す. 図より正数の最上位ビットは 0，負数の最上位ビットは 1 であることがわかる.

　したがって，正負に関わらず符号付 2 進数の最上位ビットには −1 をかければよい.

符号付2進数	10進数	符号付2進数	10進数
1000	−8	0000	0
1001	−7	0001	1
1010	−6	0010	2
1011	−5	0011	3
1100	−4	0100	4
1101	−3	0101	5
1110	−2	0110	6
1111	−1	0111	7

図 A.4　4ビット符号付2進数の範囲

[練習A.3.1] 10進数 −5が −8 + 3であることを用いて，符号付の4ビットの2進数で表せ. ただし最上位ビットを符号ビットとせよ. また符号付2進数10101を10進数で表せ.

（解答）$-5 = -8 + 3 \Rightarrow -1000 + 011 \Rightarrow 1011$
$\quad\quad 10101 \Rightarrow -2^4 + 2^2 + 2^0 = -16 + 4 + 1 = -11$

[練習A.3.2] 10進数の3と−5を4ビットの符号付2進数に変換して加算し，結果を10進数に変換せよ.

（解答）$3 + (-5) = 0011 + 1011 = 1110$
$\quad\quad 1110 \Rightarrow -2^3 + 2^2 + 2^1 = -8 + 4 + 2 = -2$

[練習A.3.3] −90を8ビットの符号付2進数で表せ.

（解答）$-128\,(2^7) < -90 < -64\,(2^6)$ より，$-90 = -128 + 38$.
$\quad\quad 38 = 32\,(2^5) + 4\,(2^2) + 2\,(2^1)$ より，$-90 = -(2^7) + (2^5) + (2^2) + (2^1)$.
$\quad\quad 2^6, 2^4, 2^3, 2^0$ の係数は0なので，−90の符号付2進数 $= 10100110$

[練習A.3.4] 10進数の7と −5を4ビットの符号付2進数に変換して加算し，結果を10進数に変換せよ．

(解答) $7 + (-5) = 0111 + 1011 = 10010.$

桁上げで4ビットを超えた1を無視 ⇒ 0010 ⇒ 2

A.3.4　符号付2進数の符号拡張

CPU ではビット数の異なるデータを加算器などに入力するとき，ビット数を加算器のビット数に揃えるためビット数の拡張が必要になる場合がある．符号付 2 進数のビット数を大きさを変えずに増やすには，最上位の符号ビットを高位側に必要なビット数分だけ拡張することで実現できる．

正数のとき最上位ビットの 0 を高位側に拡張する．負数のとき最上位ビットの 1 を高位側に拡張する．正数の場合，高位側に 0 を拡張しても拡張前の値と同じことは自明である．負数の場合も高位側に 1 を拡張できる．理由は，符号ビットは −1 だからである．図 A.4 で符号付 2 進数 1111（すべてのビットが 1）は，−1 であったように，全ビットが 1 の 2 進数は −1 である．

図 A.5 に 6 ビット負数の符号拡張を示す．符号ビット 2^5 の係数 1 は −1 である．

1 ビット拡張した 11 は，$-1 \times 2^6 + 1 \times 2^5 = (-1 \times 2 + 1) \times 2^5 = -1 \times 2^5.$
2 ビット拡張した 111 は，$-1 \times 2^7 + 1 \times 2^6 + 1 \times 2^5 = (-1 \times 2^2 + 1 \times 2^1 + 1) \times 2^5 = -1 \times 2^5.$

このように，最上位ビット以上の位で 1 を何個増やしても最上位ビットからみると −1 である．したがって，負数の場合も最上位ビットの高位側への拡張に対して 2 進数の値が変わることはない．

		2^5	2^4	2^5	2^4	2^3	2^2	2^1	2^0
拡張無し				1	0	1	0	1	1
1ビット拡張			1	1	0	1	0	1	1
2ビット拡張		1	1	1	0	1	0	1	1

図 A.5　6ビット負数の符号拡張

[練習A.3.5] −7を4ビットの符号付2進数で表した後，8ビットに拡張せよ．
さらに8ビットの符号付2進数を10進数に変換し，−7になっていることを確かめよ．

(解答) $-7 = -8 + 1 \Rightarrow -1000 + 0001 \Rightarrow 1001$

$1001 = 11111001$

$11111001 \Rightarrow -10000000 + 1111001 = -2^7 + 2^6 + 2^5 + 2^4 + 2^3 + 1$

$= -128 + 64 + 32 + 16 + 8 + 1 = -7$

A.3.5　符号付2進数の加算

符号付 2 進数の最上位ビットが負数であるため，2 数の正数または 2 数の負数を加算した結果，最上位ビットが変化するならばエラーとなる．このエラーをオーバーフローという．

図 A.6 に符号付 4 ビット 2 進数（範囲：1000 [-8] ～ 0111 [7]）の加算例を示す．［ ］内は各 2 進数の 10 進数表示である．（a）は加算結果が範囲内 [-8 ～ 7] より正解となる．（b）は符号の加算値が -16（1000 + 1000 = 10000）になるが，正数部分の加算結果が 8（1000）以上より，符号部分は -16 + 8 = 8（1000）となるので正解となる．（b）の結果 11011 は桁上げの結果だが，4 ビットの 1011 を 5 ビットに符号拡張した数になっている．（c）は加算結果が 8 以上で範囲（-8 ～ 7）を超えたのでエラーとなる．（d）は（b）と同じく符号の加算値が -16 だが，正数部分の加算値が 8 未満のため 5 ビット 2 進数：10110 の最上位ビットが符号になる．4 ビット 2 進数では上記符号が無視されるためエラーとなる．（e）は負数と正数の加算より結果は範囲内（-8 ～ 7）になるので符号ビットが変化してもエラーではない．

0011 [3] + 0010 [2] 0101 [5] (a)　正+正	1110 [-2] + 1101 [-3] 11011 [-5] (b)　負+負	0111 [7] + 0110 [6] 1101 [-3] (c)　正+正	1010 [-6] + 1100 [-4] 10110 [6] (d)　負+負	1001 [-7] + 0011 [3] 1100 [-4] (e)　負+正

図 A.6　符号付4ビット2進数の加算例

A.4　16進数

16 進数は，16 になると桁が上がる数で，各桁は 16 の冪乗で表される．10 ～ 15 を 1 桁で表現しなければならないので，10,11,12,13,14,15 を A,B,C,D,E,F と表現する．

16 進数の ABC を 10 進数で表示すると次の式を得る．

$$ABC \Rightarrow 10 \times 16^2 + 11 \times 16^1 + 12 \times 16^0 = 10 \times 256 + 11 \times 16 + 12 \times 1 = 2748$$

逆に 10 進数の 3500 を 16 進数で表すには**図 A.7** に示すように，3500 を 16 で割って余りを求めることから始めて，以降は商を 16 で割り，余りを求めるという操作を繰り返せばよい．13 は D，10 は A，12 は C より 16 進数は DAC となる．

```
            218          13           0
      16 ) 3500    16 ) 218     16 ) 13
            32          16           0
            30          58          (1 3)
            16          48
            140        (1 0)
            128
           (1 2)

      (a) 最下位桁     (b) 2 桁目    (c) 最上位桁
```

図 A.7　10進数から16進数への変換

　2進数 110100110101 を 16 進数に変換してみる．まず 2 の冪乗で表すと以下になる．

　　　　$110100110101 \Rightarrow 1 \times 2^{11} + 1 \times 2^{10} + 1 \times 2^8 + 1 \times 2^5 + 1 \times 2^4 + 1 \times 2^2 + 1 \times 2^0$

$16 = 2^4$ であるので，上式を以下のように変形する．

　　　$= 1 \times 2^3 \times (2^4)^2 + 1 \times 2^2 \times (2^4)^2 + 1 \times (2^4)^2 + 1 \times 2^1 \times 2^4 + 1 \times 2^4 + 1 \times 2^2 + 1 \times 2^0$

　　　$= \{1 \times 2^3 + 1 \times 2^2 + 1 \times 2^0\} \times (2^4)^2 + \{1 \times 2^1 + 1 \times 2^0\} \times (2^4)^1 + \{1 \times 2^2 + 1 \times 2^0\} \times (2^4)^0$

　　　$= \{1 \times 2^3 + 1 \times 2^2 + 1 \times 2^0\} \times 16^2 + \{1 \times 2^1 + 1 \times 2^0\} \times 16^1 + \{1 \times 2^2 + 1 \times 2^0\} \times 16^0$

$(16)^2$，$(16)^1$ および $(16)^0$ の係数を 16 進数で表す．

　　　$= D \times 16^2 + 3 \times 16^1 + 5 \times 16^0 \Rightarrow D35$

したがって，求める 16 進数は D35 となる．

　ここで，$(16)^2$，$(16)^1$ および $(16)^0$ の係数を 2 進数に戻すと，それぞれ 1101，0011 および 0101 であるので，2 進数を 16 進数に変換するには，最下位ビットから 4 ビットずつ区切って，各 4 ビットの 2 進数を 16 進数に変換すればよい．

　すなわち，$110100110101 = 110100110101 \Rightarrow D35$.

［練習A.4.1］2進数1101001010011101011を16進数で表せ．

（解答）最下位ビットから4ビットごとに区切って，各4ビットを16進数に変換する．

　　　$1101001010011101011 \Rightarrow 694EB$

付録B　組み合わせ回路

B.1　セレクタ

　セレクタは，複数入力の中から1つを選択して出力する回路である．次節以降の解説では順に詳しく書かれている．概要だけを知りたい読者は，すべてを読む必要はない．

B.1.1　セレクタの概要
　図B.1 に 2 to1 セレクタのシンボルを示す．例としてデータを 32 ビットとした．図において，Sel = 0 のときは A 入力を，Sel = 1 のときは B 入力を選択して Out に出力する．

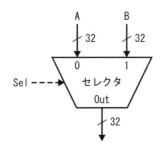

図B.1　セレクタのシンボル

B.1.2　セレクタ回路
　セレクタを説明する前に，セレクタを構成する回路について説明する．

　図B.2 に CMOS トランジスタを構成する NMOS と PMOS を示す（CMOS の詳細については『明快解説・箇条書き式ディジタル回路』参照）．NMOS は，ゲートに 1 を与えるとドレイン・ソース間が導通状態（以下 ON）になり，0 を与えると遮断状態（以下 OFF）になるもの，逆に PMOS は，ゲートに 0 を与えると ON になり，1 を与えると OFF になるものである．

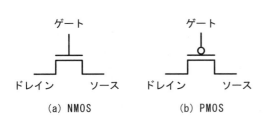

図B.2　CMOSトランジスタ

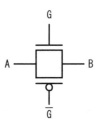

図B.3　トランスミッション・ゲート

　これら2種類のトランジスタのドレイン同士，ソース同士を接続したものをトランスミッション・ゲート（TM）という．**図B.3**にトランスミッション・ゲートを示す．PMOSのゲートには NMOSのゲートの反転信号を与える．G = 1ならば，NMOSおよびPMOSともにON，G = 0ならば，NMOSおよびPMOSともにOFFとなる．

　まず1ビット・セレクタを考える．**図B.4**に示すように回路はTMとNOT回路で構成されている．Sel = 0のとき，TM0のNMOSおよびPMOSがともにONとなり，TM1のNMOSおよびPMOSがともにOFFとなるので，OutにはAが出力される．逆にSel = 1のとき，TM1のNMOSおよびPMOSがともにONとなり，TM0のNMOSおよびPMOSがともにOFFとなるので，OutにはBが出力される．

　図B.5に32ビット・セレクタの回路図を示す．Sel = 0のとき，TM00〜TM031がONとなり，TM10〜TM131がOFFとなるので，OutにはA[31：0]が出力される．逆にSel = 1のとき，TM10〜TM131がONとなり，TM00〜TM031がOFFとなるので，OutにはB[31：0]が出力される．

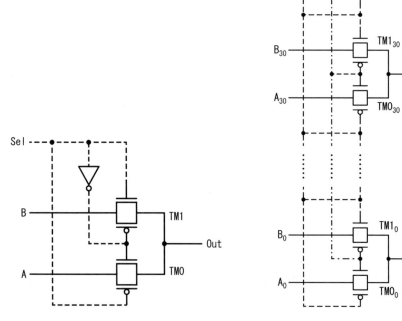

図B.4　1ビット・セレクタの回路図　　　　図B.5　32ビット・セレクタの回路図

B.2 加減算器

B.2.1 加算器

CPUにおいて，加算は2進数で行われる．**図B.6**に加算器のシンボルを示す．例としてデータを32ビットとした．図において，aとbは32ビット入力，outは32ビット出力，cは桁上げ出力である．aの各ビットを最上位桁から順に$a_{31}a_{30}\cdots a_0$とし，同様にbの各ビットを$b_{31}b_{30}\cdots b_0$とし，sの各ビットを$s_{31}s_{30}\cdots s_0$とし，cをCo_{31}とする．

図B.6の加算器の動作を考える．例として図B.7に4ビットの2進数0101と0011の加算を示す．図からわかるように最下位桁から1ビット単位で加算され，桁上げ（以下キャリー）が起きるとそれが次の桁に加算されるということが上の桁に向かって繰り返される．したがって4ビット加算を独立した1ビット加算の集まりと考え，最下位ビット以外の1ビット加算は下の桁からのキャリーも加算できるようにする．これを回路化するには，1ビット加算器をビット数分だけ並べ，それらをキャリーで接続すればよい．

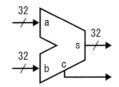

図B.6　加算器のシンボル

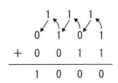

図B.7　4ビット2進数の加算例

図B.8に32個の1ビット加算器（図では1bit加算）からなる32ビット加算器を示す．各1ビット加算器入力をa_n，b_n，下の桁からのキャリー入力をCI_n，加算出力をs_n，上の桁へのキャリー出力をCI_{n+1}とする（ただし，$n = 0,1\cdots 31$）．このように被加数（a_n），加数（b_n），下の桁からのキャリー（CI_n）を入力して加算出力（s_n）と上の桁へのキャリー（CI_{n+1}）を出力する回路を全加算器という．

a_n，b_n（$n = 0 \sim 31$）が入力されると，各1ビット加算器でs_nとCI_{n+1}が計算されるが，桁上げがあるため確定なのは加算器（$n = 0$）のs_0とCI_1である．以降$CI_1 \rightarrow$加算器（$n = 1$）で$a_1b_1CI_1$からs_1とCI_2確定，$CI_2 \rightarrow \cdots CI_{31} \rightarrow$加算器（$n = 31$）$a_{31}b_{31}CI_{31}$から$s_{31}$と$Co_{31}$が確定して加算が完了し，$s$（$s_{31}s_{31}\cdots s_1s_0$）という32ビットの加算結果とキャリー出力$Co_{31}$を得る．

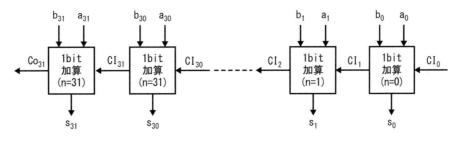

図B.8　32ビット加算器

B.2.2　減算機能の追加

A.3.1 項で示したように任意の 2 進数の「2 の補数」がその 2 進数の負数になる.

32 ビット 2 進数を a $(a_{31}a_{30}\cdots a_1a_0)$, b $(b_{31}b_{30}\cdots b_1b_0)$ とする. $a>0, b>0$ として $a-b$ を計算するには $-b$ を $+(-b)$ と考えて以下に示すように減算を加算化する. ただし, $-b$ は b の「2 の補数」なので, b の各ビットの 0 と 1 を反転させて 1 を加算することで求められる.

$$a-b = a+(-b) = a+(b を反転 +1)$$
$$= (a_{31}a_{30}\cdots a_1a_0)+(\overline{b_{31}b_{30}}\cdots \overline{b_1b_0})+00\cdots 01$$

図 B.8 の 32 ビット

を基に減算機能を追加した 32 ビット加減算器を**図 B.9** に示す. 図において, 減数 b の各ビットを反転させるための NOT 回路が設けられ, 図 B.1 のセレクタの Sel 入力で Sel = 0 のとき b_n, Sel = 1 のとき $\overline{b_n}$ が選択される. 最下位の 1 ビット加算器 ($n = 0$) のキャリー入力 CI_0 は全セレクタの Sel 入力に与えられている.

減算のとき $CI_0 = 1$ とする. 各セレクタの Sel = 1 より 1 入力が選択され, $\overline{b_n}$ が 1 ビット加算器に送られ a_n と加算される. CI_0 は最下位ビットの 1 ビット加算器のキャリー入力であるので, a_0 と b_0 に ($CI_0 =$)1 を加算したことになる. これにより減数 b の「2 の補数」$-b$ が求まったので, 減算 $a-b$ = a + 反転 b + 1 を加算器で計算することができる.

加算のとき $CI_0 = 0$ とする. 各セレクタの Sel = 0 より 0 入力が選択され, b_n が 1 ビット加算器に送られ a_n と加算される. 最下位ビットでは $CI_0 = 0$ より a_0 と b_0 の加算が行われる.

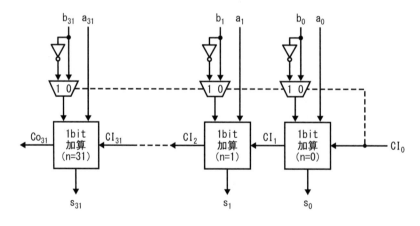

図 B.9　32ビット加減算器

B.3　ALU

ALU は, Arithmetic Logic Unit の略で, 直訳すると算術論理演算ユニットであり, 何種類もの演算が可能である. サポートする演算の種類は, コンピュータによってさまざまであるが, 加算, 減算, 論理積, 論理和の 4 つが基本である. 以下では, これら 4 つの演算を行う ALU について述べる.

B.3.1 ALUの概要

図 B.10 に 32 ビット ALU のシンボルを示す．図において，$a[31:0]$ と $b[31:0]$ はデータ入力，$out[31:0]$ はデータ出力である．$ctrl[1:0]$ は 2 ビットの制御信号で，第 3 章の ALU における alu，第 6 章の ALU における alucnt に相当し，00: 加算，01: 減算，10: 論理積（AND），11: 論理和（OR）の 4 種類の演算を指定する．任意の n ビット目：$a[n], b[n], out[n], ctrl[n]$ は，$a_n, b_n, out_n, ctrl_n$ と表す．

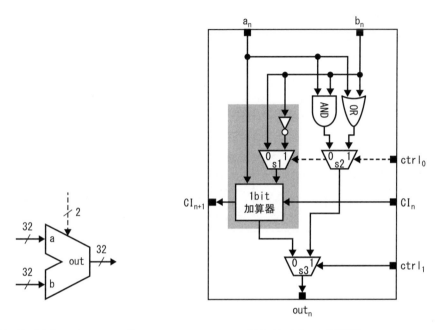

図 B.10　32ビットALUのシンボル　　　　図 B.11　1ビットALU回路

B.3.2 ALU回路

図 B.11 は 1 ビット ALU 回路図で，CI_n は加減算で使用する前段からのキャリー入力，CI_{n+1} は次段へのキャリー出力である．したがって，1 ビット ALU 回路のキャリー端子を連結させることにより，任意ビットの ALU を構成できる．

s1, s2, s3 は図 B.4 の 2 入力セレクタで，s1 と s2 は $ctrl_0$ により，s3 は $ctrl_1$ によりそれぞれ制御される．1bit 加算器は，図 B.8 や図 B.9 の 1bit 加算器と同一であるので，下位桁からのキャリーも含めて加算し，桁上げがあればキャリー出力する．B.2.2 節で述べたように NOT 回路，s1 と 1bit 加算器で加減算器を構成するので，s1 は加算か減算かを選択し算術演算結果を s3 に出力する．他方，s2 は AND 出力か OR 出力かを選択し論理演算結果を s3 に出力する．s3 は，算術演算か論理演算かを選択して出力する．したがって加算では，$ctrl_0$=0 にして a_n+b_n+CI_n を 1bit 加算器で計算し，$ctrl_1$=0 にして 1bit 加算器の出力を out_n に出力する．すなわち $ctrl[1:0]$=00 とする．

減算では，$ctrl_0$=1 にして a_n+$\overline{b_n}$+CI_n を 1bit 加算器で計算し，$ctrl_1$=0 にして 1bit 加算器の出力を out_n に出力する．すなわち $ctrl[1:0]$=01 とする．AND 演算では，$ctrl_0$=0 にして AND 演算結果を選択し，$ctrl_1$=1 にして AND 出力を out_n に出力する．すなわち $ctrl[1:0]$=10 とする．OR 演算では，

$ctrl_0$=1 にして OR 演算結果を選択し，$ctrl_1$=1 にして OR 出力を out_n に出力する．すなわち $ctrl[1:0]$=11 とする．

　図 B.12 に 32 ビット ALU 回路を示す．この回路は 32 個の 1 ビット ALU 回路をキャリー端子で接続したものである．制御信号 $ctrl_0$ と $ctrl_1$ は共通である．最下位ビット以外のキャリー入力には CI_n が入力されているが，最下位ビットには $ctrl_0$ が入力されている．これにより B.2.2 節で述べた減数（b）を負数（-b）にするときの＋1を実現している．最上位ビット（ビット 31）にはオーバーフロー判定回路が含まれている．図の OF 信号は加算や減算においてオーバーフローが発生した場合に 1 となる信号である．オーバーフローについては，図 A.6 を参照のこと．

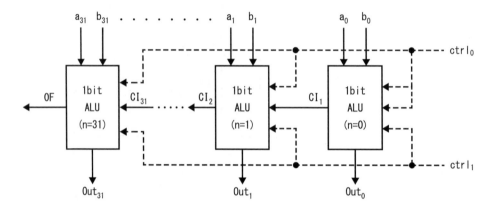

図 B. 12　32 ビット ALU 回路

付録 C　記憶回路

　プロセッサでは，データや命令を記憶する回路が必要である．本節では D フリップ・フロップ，レジスタ，メモリ，レジスタ・ファイルについて述べる（フリップ・フロップの詳細については『明快解説・箇条書き式ディジタル回路』を参照）．

C.1　D フリップ・フロップ

C.1.1　D フリップ・フロップの概要

　D フリップ・フロップは，1 ビットのデータを記憶する．図 C.1 にエッジトリガ D フリップ・フロップ（以下 EG‒DFF）のシンボル，図 C.2 にタイミング図を示す．

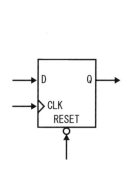

図 C.1　EG-DFF のシンボル

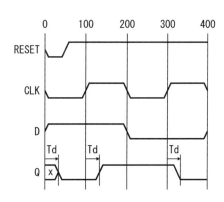

図 C.2　EG-DFF のタイミング図

　図 C.1 において，D はデータ入力，Q はデータ出力，CLK はクロック入力，RESET はリセット入力である．入力端子には優先順位があり，優先順位の最も高いのは RESET，次に高いのが CLK である．RESET 端子の○印は反転を表し，RESET = 0 になるときに RESET がかかることを示している．CLK 端子の△印はエッジトリガであることを表し，CLK が 0 から 1 に立ち上がったときに D のデータが Q に出力される．図 C.2 を用いて EG‒DFF の機能を説明する．

　時刻 0 で，CLK には 0，D には 1 が与えられるが，RESET が 0 になってリセットがかかるので，出力 Q には回路遅延 Td の後 0 が出力される．時刻 100 で CLK が↑となると，D のデータ 1 が読み込まれ，出力 Q には回路遅延 Td の後 1 が出力される．時刻 200 で D が 0 に代わり CLK が↓になるが，CLK が↑ではないので，出力 Q に変化はない．時刻 300 で CLK が↑となると，D のデータ 0 が読み込まれ，出力 Q には回路遅延 Td の後 0 が出力される．

C.1.2　Dフリップ・フロップ回路

　図C.3に EG-DFF の回路図を示す．EG-DFF 回路は，図 B.3 のトランスミッションゲート：TM と記憶部を有するマスターとスレーブから構成されている．TMm と TMs が同時に ON にならないように CLK 信号が与えられる．図 C.3 では，CLK=0 のとき TMm は ON 状態，TMs は OFF 状態になる．逆に，CLK=1 のとき TMm は OFF 状態，TMs は ON 状態になる．RESET=0 のとき，記憶部には 0 が記憶されるとともに Q に出力される．

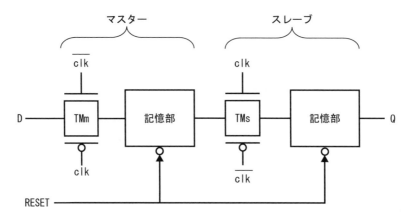

図 C.3　EG-DFFの回路図

　RESET=1（リセット解除状態）における D と CLK の関係について述べる．

　CLK=0 のとき，**図C.4**に示すように TMm：ON, TMs：OFF となるので，マスターはデータ D_{n+1} を受け付けるがスレーブはデータを受け付けずホールド状態になる．マスターで受け付けられたデータ D_{n+1} は，TMm を通過し TMs で受け付け待ちとなる．スレーブでは CLK=0 になる前の値（D_n）が記憶部で記憶されるとともに出力されている．

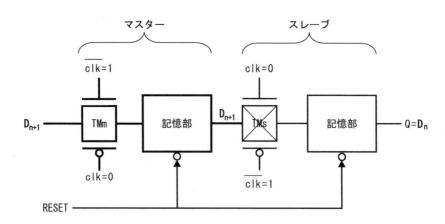

図 C.4　EG-DFFの動作（CLK=0の場合）

　次に CLK=1 になると，**図C.5**に示すように TMm：OFF, TMs：ON となるので，マスターはデータ D_{n+2} を受け付けず D_{n+1} を記憶している．スレーブはデータ D_{n+1} を受け付け記憶部を経由して

Q に出力する.

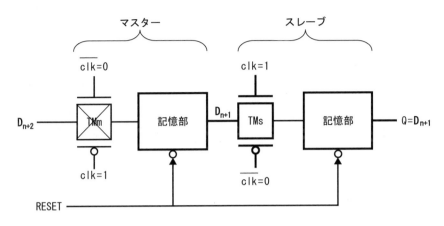

図 C.5　EG-DFFの動作（CLK=1の場合）

　以上のことから CLK = 0 のときにマスターで受け付けた D 入力のデータは，CLK = 1 になった瞬間にスレーブに取り込まれて出力 Q に送られるので，図 C.2 に示すように CLK が 0 から 1 になる瞬間の D 入力が取り込まれ出力されることになる．したがってエッジトリガ動作を行う．

C.2　レジスタ

C.2.1　レジスタの概要

　1 ワードを記憶する記憶装置をレジスタという．**図 C.6** に非同期リセット付 32 ビット同期レジスタのシンボル，**図 C.7** にタイミング図を示す．DI はデータ入力，DO はデータ出力，CLK はクロック，RESET はリセットである．RESET 端子の○印は反転を表し，RESET = 0 になるときにリセットがかかることを示している．CLK 端子の△印はエッジトリガであることを表し，CLK が 0 から 1 に立ち上がったときに DI のデータが DO に出力される．

　図 C.7 において，時刻 0 で CLK には 0，DI には DATA-A が与えられるが，RESET が 0 になってリセットがかかるので，出力 DO には回路遅延 Td の後 0 が出力される．時刻 100 で CLK が↑となると，DI のデータ DATA-A が読み込まれ，出力 DO には回路遅延 Td の後 DATA-A が出力される．時刻 200 で DI が DATA-B に代わり CLK が↓になるが，CLK が↑ではないので，出力 DO に変化はない．時刻 300 で CLK が↑となると，DI のデータ DATA-B が読み込まれ，出力 DO には回路遅延 Td の後 DATA-B が出力される．

　このように，DI は CLK に支配されるが，RESET は CLK には支配されない．したがって DI に対して CLK 同期であるが，RESET に対しては CLK 非同期である．

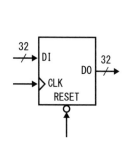

図C.6　32ビット同期レジスタ
（非同期リセット付）

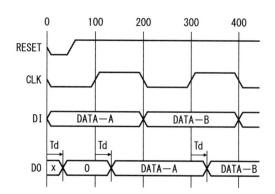

図C.7　32ビット同期レジスタタイミング図

C.2.2　レジスタ回路

　図 C.8 に 32 ビット・レジスタの回路図を示す．各ビットシンボル（箱）の中味は，図 C.3 に示す D フリップ・フロップである．CLK 端子と RESET 端子はすべて共通である．

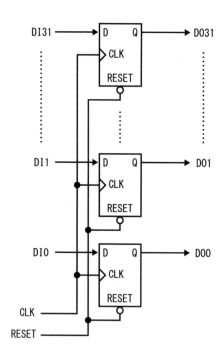

図C.8　32ビット・レジスタ回路図

C.3　メモリ（スタティック RAM）

　メモリ（スタティック RAM）は，高速であるが，1 ビットあたりの面積が大きいため大容量にできない．そのため高速・小容量のキャッシュメモリとして使われる．

C.3.1　メモリの概要

　図 C.9 にクロックの立ち上がりに同期するメモリのシンボルを示す．図の例では，アドレス（ADRS）は 8 ビット，書き込みデータ（Din）および読み出しデータ（Dout）は 32 ビットである．書き込み許可信号（WE）は，制御信号線であるので破線で描かれている．

図 C.9　メモリ・シンボル

　図 C.10 にメモリ・タイミング図を示す．図において，tsu はセットアップ・タイムで，アドレスやデータを確実に入力するために，CLK の立ち上がりに先立ってアドレスやデータを設定しなければならない最少時間である．th はホールド・タイムで，CLK の立ち上がり後にアドレスやデータを保持しておかなければならない最少時間である．tacc はアクセス・タイムで，CLK の立ち上がりからデータが出力されるまでの時間である．don't care は，どんな値でもよいことを示す．

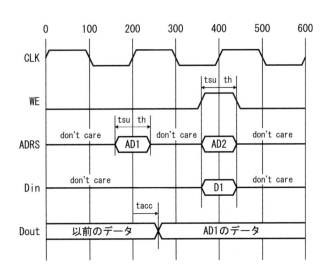

図 C.10　メモリ・タイミング図

　時刻 200 で WE = 0 よりデータ読み出しが行われる．ADRS に与えられたアドレス（AD1）が CLK の立ち上がりで読み込まれると，メモリが動作し tacc 後に AD1 に格納されているデータが Dout に出力される．

　時刻 400 で WE = 1 よりデータ書き込みが行われる．ADRS に与えられたアドレス（AD2）と Din に与えられたデータ（DI）が CLK の立ち上がりで読み込まれると，メモリが動作しアドレス AD2 に DI が書き込まれる．そのとき Dout は変化しない．

C.3.2　メモリ・ブロック図

　図 C.9 のシンボルの中身を分解して，アドレスとデータで表すと図 C.11 になる．図に示すようにメモリにはワード・データがアドレスを付けて格納されている．図では 0 ～ 255 の 256 個のアドレスが割り付けられているので，2^8 = 256 よりアドレス幅は 8 ビットである．データ幅は 1 ワードの長さで決まるが，例では 32 ビットとなっている．

　図 C.11 において，たとえばデータ C を読み出す場合，アドレスに 8 ビットデータ 0000_0010 を与えアドレス 2 をアクセスすると，データ C が読み出される．逆にデータ D をアドレス 10 に書き込む場合，データ D を与え，アドレスに 8 ビットデータ 0000_1010 を与えアドレス 10 をアクセスすると，データ D がアドレス 10 に書き込まれる．

　図 C.12 にメモリの回路ブロックを示す．8 ビットのアドレスは，アドレス・デコーダにより 256（= 2^8）本の信号線にデコードされる．これらの信号線をワード線といい，図 C.11 のメモリ機能説明図のアドレス（0 ～ 255）に対応する．

　メモリセル領域には，横に 32 個，縦に 256 個のメモリセルが配列されており，横 1 行分が 1 ワードに相当する．したがって 1 ワードが 32 ビットとなる．

　I/O（Input/Output）回路は，メモリセル領域からの読み出し（出力）や，メモリ領域への書き込み（入力）を行う回路である．

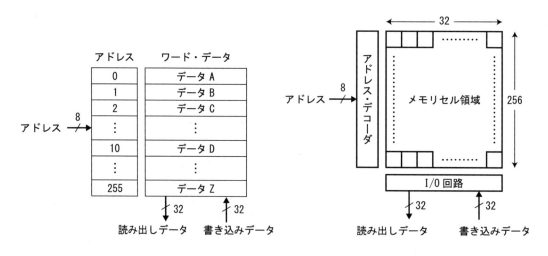

図 C.11　メモリ機能説明図　　　　　　図 C.12　メモリ回路ブロック

C.3.3 メモリセル

図 C.13 に 1 ビットを記憶するメモリセル回路を示す．記憶機能は，2 つの NOT 回路で実現されている．図 C.13（a）の初期状態では左側に H，右側に L の信号が記憶されている．左右両側に nMOS トランジスタ（以下 nMOS）があり，左側の nMOS は bit 線に，右側の nMOS は bitc 線にそれぞれ接続されている．2 つの nMOS のゲート端子は，ともに word 線に接続されている．

読み出し時は，図 C.13（b）に示すように bit および bitc 線を H にプリチャージしておき，word 線を H にして nMOS を ON にし，bit,bitc 線に記憶データを読み出す．このとき L を読み出した方の電圧が H から下がる．図の例では bitc 線の電圧が下がる．

書き込み時は，bit および bitc 線を H にプリチャージした状態から図 C.13（c）に示すように，L にしたい bit または bitc 線に L を与え，H にしたい bit または bitc 線にはデータを入力しない．図では bitc に L を与えている．bit 線は H にプリチャージされた後に H 電源から切り離されている．この後，word 線を H にすることで nMOS を ON にし，L 状態の bit または bitc から L を記憶部に書き込む．L が書き込まれた反対側の電圧は H となる．

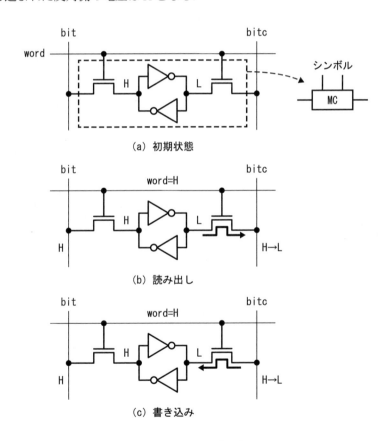

（a）初期状態

（b）読み出し

（c）書き込み

図 C.13　メモリセル回路

C.4　レジスタ・ファイル

　前節（C.3節）のメモリでは，アドレスは1種類なので入力と出力の同時動作は不可能である．しかし，CPUの演算では2つのオペランドを加算したり減算したりする．これをメモリを用いて1つずつオペランドを読み出していたのでは演算にかかる時間が長くなる．この問題を解消するためには，同時に2つのデータを読み出すことができるメモリが必要である．また，パイプライン動作をさせたときには，3.6.2項（2）で述べたデータ・ハザードを解消するために，読み出しと書き込みを同時に行えなければならない．このように2つの読み出しと1つの書き込みを同時に行うことができるメモリがレジスタ・ファイルである．

C.4.1　レジスタ・ファイルの概要

　図C.14にレジスタ・ファイルのシンボルと構成図を示す．シンボルの例として，アドレスを3ビット，データを32ビットとした．シンボル図において，dest,srcやdest'は3ビットのレジスタ・アドレス，Rdest,RsrcやRdataは32ビットのデータである．

　読み出しアドレス1：destに格納されている読み出しデータ1：Rdestと読み出しアドレス2：srcに格納されている読み出しデータ2：Rsrcは，書き込み許可信号に依存せず出力されている．書き込み許可信号を1にすると，書き込みアドレス：dest'にRdataが書き込まれる．すなわち読み出し動作は常に行われていて，書き込み許可が1のときには書き込み動作も行われる．

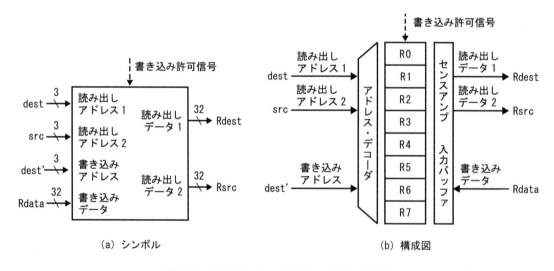

(a) シンボル　　　　　　　　　　　　(b) 構成図

図C.14　レジスタ・ファイルのシンボルと構成図

　シンボルを少し詳しくしたものが構成図である．アドレスが3ビットの場合，2進数でアドレス000〜111，10進数に直すとアドレス0〜7までの8本のレジスタが存在する．R0〜R7は8本のレジスタに記憶されているデータで，Rに付いている数字はアドレスである．

　いま，dest = 3,src = 5,dest' = 6,Rdata = 789であるとき，R3とR5が読み出され，6番レジス

タに 789 が R6 として書き込まれる.

C.4.2 レジスタ・ファイル・ブロック図

図 C.15 にレジスタ・ファイルの回路ブロックを示す. 2 つの読み出し(出力)と 1 つの書き込み(入力) を同時に行えるように，アドレス・デコーダは 3 つあり，2 つは読み出し用，他の 1 つは書き込み用である. 各デコーダは独立に動作する.

各アドレス・デコーダに与えられた 5 ビットのアドレスは，32 (= 2^5) 本のワード線にデコードされる. 1 つのメモリセルは，3 つのデコーダから出力された 3 本のワード線によりアクセスされる.

メモリセル領域には，横に 32 個，縦に 32 個のメモリセルが配列されており，横一行分が 1 ワードに相当する. したがって 1 ワードが 32 ビットとなる. 2 つの読み出しデータを外部に出力する 2 つのセンス・アンプと 1 つの書き込みデータを入力する 1 つのライトドライバがメモリセルからのビット線と接続されている.

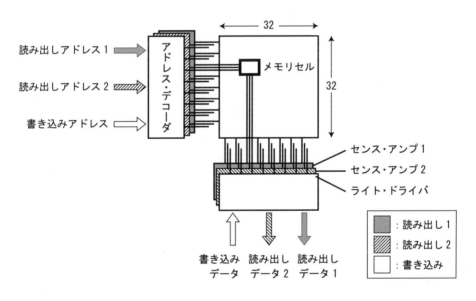

図 C.15　レジスタ・ファイル・ブロック図

C.4.3 メモリセル

図 C.16 に 1 ビットを記憶するメモリセル回路を示す. 2 つの NOT 回路で記憶機能を実現している. データの読み出し側は，読み出しドライバと 2 つの nMOS を介して読み出しビット線に接続されている. 書き込み側は，nMOS を介して記憶部に接続されている.

読み出し時は，読み出し 1 ワード線や読み出し 2 ワード線を H にして nMOS を ON にし，読み出し 1 ビット線や読み出し 2 ビット線に読み出しドライバを介して記憶データを読み出す.

書き込み時は，書き込みビット線に H または L のデータを与え，書き込みワード線を H にすることで nMOS を ON にし，データを記憶部に書き込む.

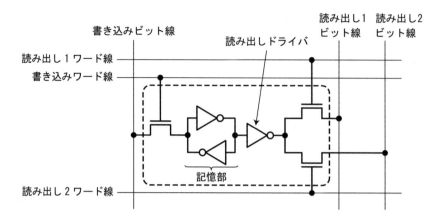

図 C. 16　レジスタ・ファイル・メモリセル回路図

付録D　RTL回路の設計・検証方法

D.1　CPUハードウエア設計フロー

　CPUハードウエアは，命令セットに基づいてレジスタ転送レベル（Register Transfer Level，以下RTL）で設計する．RTLは第3章の図3.4〜図3.18および図3.20の回路で，図3.20を例にとると，上からPC，命令メモリ，加算器，命令解読器，符号拡張器，ALU，データ・メモリ，セレクタ等である．図3.20には他にEXOR，NOR，AND，ORがあるが，これらはRTLではなく論理回路である．各RTL回路は，ハードウエア記述言語（Hardware Description Language，以下HDL）で記述され，論理合成ツールによって論理回路に変換されるので，CPU回路は最終的にすべて論理回路になる．

　図D.1は，HDL記述によるCPUハードウエアの基本的な設計フローを示す．まず，CPUの命令セットを決める．次に各命令機能を実現するハードウエアをRTLで設計し，RTLが似ている回路から統合してCPU全体のRTLを作成する（第3章：図3.4〜図3.18，図3.20）．

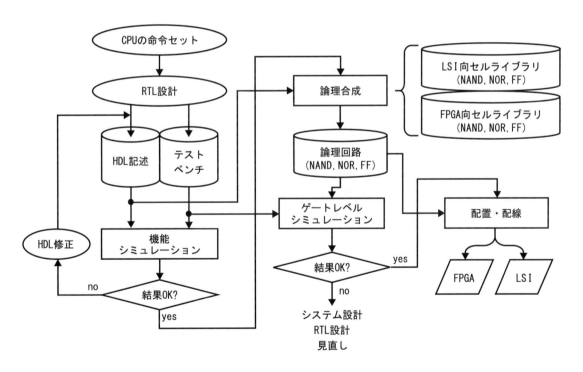

図 D.1　CPUハードウエア設計フロー

　次に，CPUを構成する各RTLをHDLで記述すると同時に機能を検証するためのテストベンチも
HDLで記述して，機能シミュレーションを実施する（第6章）．そして，論理回路レベルのセルラ
イブラリを読み込んで論理合成を行い，HDL記述をNAND,NOR等の論理ゲートやフリップ・フロ
ップ（FF）からなる論理回路に変換する．この論理回路を検証するためゲートレベル・シミュレー
ションを行う．

　最後に，FPGAまたはLSI上に論理ゲートやフリップ・フロップを配置し，回路間を配線する．
D.2節ではRTL回路のHDL記述方法について，D.3節では機能シミュレーション方法について述
べる．

D.2　HDL記述方法

　本書で述べるHDLは，VerilogHDLである．**図D.2**にHDL記述説明のためのRTL回路例を示す．
この回路例は，kairo_a回路とkairo_b回路がkairo_c回路に含まれる階層構造である．

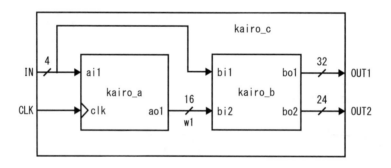

図D. 2　RTL回路例

D.2.1　下位階層回路のHDL記述例

　kairo_aとkairo_bのHDL記述である**図D.3**と**図D.4**について説明する．図で文字はスペースも
含めすべて半角の英数字またはタブである．また行末にセミコロン（;）が必要な文と不要な文があ
るので注意せよ．

　MO：module名（kairo_aやkairo_b）と入出力端子（ポート）を宣言．
　IP　：入力ポートをビット幅別に記述．
　OP　：出力ポートをビット幅別に記述．
　RG　：always文中の回路動作記述における左辺の出力変数をreg宣言．
　AW　：always文では，begin〜endの間に回路動作を記述する．回路動作記述にはD.2.5項のif
　　　　文,case文,for文や，連接（{110,010}＝110010），代入（c＜＝a＋b）等が使われる．
　　　　@（　）内に記述された入力が変化（0→1または1→0）したときに回路動作を実行する．
　　　　この入力をイベントリストという．イベントリストが複数あるときorで区切る．posedge

は入力 = 0 → 1 に変化するとき，negedge は入力 = 1 → 0 に変化するときに限ることを示す．イベントリストにない入力が変化しても回路は動作しない．

AS ： assign 文では，always 文のようなイベントリストによる回路動作制約はないので，assign 文中のすべての入力に対して記述が実行される．代入には等号(=)が用いられる．

EM ： endmodule で終了する．

MO	必須	module kairo_a (clk, ai1, ao1);
IP	必須	input clk;
		input[3:0] ai1;
OP	必須	output[15:0] ao1;
RG		reg[15:0] ao1;
AW	回路に依存	always @ (posedge clk)begin 回路動作記述(ao1 と ai1 の関係) end
AS		assign出力 = f(入力);
EM	必須	endmodule

図 D.3　kairo_aのHDL記述

MO	必須	module kairo_b(bi1, bi2, bo1, bo2);
IP	必須	input[3:0] bi1;
		input[15:0] bi2;
OP	必須	output[31:0] bo1;
		output[23:0] bo2;
RG		reg[31:0] bo1;
	回路に依存	reg[23:0] bo2;
AW		always @ (bi1 or bi2)begin 回路動作記述(bo1, bo2 と bi1, bi2 の関係) end
AS		assign出力 = f(入力);
EM	必須	endmodule

図 D.4　kairo_bのHDL記述

D.2.2　上位階層回路のHDL記述例

上位階層回路である kairo_c の HDL 記述について**図 D.5** で説明する．

IC ： 上位階層に含まれる下位階層回路の HDL ファイルを読み込む．

MO： module 名(kairo_c)と入出力端子(ポート)を宣言．

IP ： 入力ポートをビット幅別に記述．

OP ： 出力ポートをビット幅別に記述．

WR： 回路間配線で，input でも output でもない信号は，wire 宣言する．

PR ： 下位階層回路に i* というインスタンス名（実体回路名）を付けて配置・配線する.

kairo_a i0は，kairo_aにi0という実体回路名を付けて配置したことを示す.

kairo_aを複数個使用する場合は，kairo_a i3のように異なる実体回路名を与えれば良い.

i*のiは，インスタンス（instance）のiであるが，iにこだわる必要はない.

（　）内は，下位階層回路と上位階層回路の配線である.

（.clk（CLK），.ai1（IN），.ao1（w1））は，kairo_aのclk,ai1,ao1の各ポートをkairo_cの CLK,IN,w1の各信号と接続することを示す.

EM ： endmodule で終了する.

IC	必須	`` `include "kairo_a.v" ``
		`` `include "kairo_b.v" ``
MO	必須	module kairo_c　(CLK, IN, OUT1, OUT2);
IP	必須	input　　　　　CLK;
		input[3:0]　　IN;
OP	必須	output[31:0]　OUT1;
		output[23:0]　OUT2;
WR	回路依存	wire[15:0]　　w1;
PR	必須	kairo_a i0 (.clk(CLK),.ai1(IN),.ao1(w1));
		kairo_b i1(.bi1(IN),.bi2(w1),.bo1(OUT1),bo2(OUT2);
EM	必須	endmodule

図D.5　kairo_cのHDL記述

D.2.3　上位階層回路のテストベンチ

kairo_c の上位階層回路である kairo_c テストベンチについて**図D.6** について説明する.

IC ： 検証したい下位階層回路の HDL ファイルを読み込む.

MO： module 名を宣言. ただし入出力ポートは不要.

RG： 入力ポートをビット幅別に input → reg に変更.

WR： 出力ポートをビット幅別に output → wire に変更.

PR： 下位階層回路に i* という実体回路名を付けて配置し，下位階層回路の「.ポート」とテストベンチの「(信号)」を配線「.ポート (信号)」する. 例では各ポートと対応する信号の名前は同じとしている.

DI ： 入力信号が変化した時刻に変化後の信号値を入力する. #100 CLK = 1 は，時間 100 遅れて CLK = 1 にすることである.

最後の#100は，その前のCLK = 1より遅延する回路動作結果を確認するためである.

$finish (2) は，シミュレーション・コントロール・システム・タスクで，シミュレーションの終了を指示する. （　）内の数字により診断メッセージの内容を指定する. 0, 1, 2の場合があり，数字が大きいほど診断メッセージの項目が多い. 詳細はIEEE1364-1995を参照のこと.

DP ： $monitor はシステム・タスクで，シミュレーション結果を（　）内のリストに基づいて表示する．（　）内では表示形式を指定する．$time によりデータが変化した時刻が表示される．%b は 2 進数表示，%h は 16 進数表示，%d は 10 進数表示である．" "，後の変数 CLK,IN,OUT1,OUT2 の値は，順に " " 内の %b%b%h%h に入る（付録 D.3.3（2）項参照）．

　　　$dumpfile はシステムタスクで .vcd ファイルを生成する．vcd は Value Change Dump の略で，信号波形を表示する gtkwave コマンドの対象ファイルである．図 D.6 では，PR の module 名 kairo_c を .vcd ファイル名にしている．

　　　$dumpvars はシステムタスクで，数字はテストベンチを最上位階層として何階層までポートや内部信号値を VCD ファイルにダンプするのかを指定する．0 は全階層の信号値をダンプすることを示す．1 は最上位階層の信号値，n は最上位～第 n 階層までの信号値をそれぞれダンプする．図 D.6 では 0 なのでテストベンチから全階層の信号値をダンプさせることを指示している（付録 D.3.3 項（3）参照）．

EM ： endmodule で終了する．

IC	必須	`include "kairo_c.v"
MO	必須	module test_kairo_c;
RG	必須	reg　　　CLK;
		reg[3:0]　IN;
WR	必須	wire[31:0] OUT1;
		wire[23:0] OUT2;
PR	必須	kairo_c i0 (.CLK(CLK),.IN(IN),.OUT1(OUT1),.OUT2(OUT2);
DI	必須	initial begin
	回路依存	CLK=0; IN=4'b0101;
		#100 CLK=1;
		#100 CLK=0; IN=4'hA
		#100 CLK=1;
		#100
	必須	$finish(2);
	必須	end
DP	必須	initial begin
	出力依存	$monitor($time, ,"CLK=%b IN=%b OUT1=%h OUT2=%h",CLK,IN,OUT1,OUT2);
		$dumpfile("kairo_c.vcd");
		$dumpvars(0,test_kairo_c.vcd);
	必須	end
EM	必須	endmodule

図 D.6　kairo_c のテストベンチ

D.2.4　上位階層回路をテストベンチとする場合

　テストベンチのために上位階層回路を記述するのが無駄な場合，上位階層回路をテストベンチそのものにしてもよい．**図 D.7** に図 D.6 の kairo_c をテストベンチとした記述を示す．

　図より kairo_c をテストベンチにするには，図 D.5 の PR と EM の間に図 D.6 の DI と DP を挿入

して，MO の module 宣言からポートを削除して，input → reg, output → wire とすればよいことがわかる（太字部分）．

IC	必須	`` `include "kairo_a.v" ``
		`` `include "kairo_b.v" ``
MO	必須	**module test_kairo_c;**
RG	必須	**reg** CLK;
		reg[3:0] IN;
WR	必須	**wire**[31:0] OUT1;
		wire[23:0] OUT2;
	回路依存	wire[15:0] w1;
PR	必須	kairo_ai 0 (.clk(CLK),.ai1(IN),.ao1(w1));
		kairo_bi 1 (.bi1(IN),.bi2(ao1),.bo1(OUT1),bo2(OUT2);
DI	必須	**initial begin**
	回路依存	CLK=0; IN=4'b0101;
		#100 CLK=1;
		#100 CLK=0; IN=4'hA
		#100 1CLK=1;
		#100
	必須	**$finish(2);**
	必須	**end**
DP	必須	initial begin
	出力依存	$monitor($time, ,"CLK=%b IN=%b OUT1=%h OUT2=%h", CLK, IN, OUT1, OUT2);
		$dumpfile("kairo_c.vcd");
		$dumpvars(0, test_kairo_c);
	必須	**end**
EM	必須	endmodule

図D.7　kairo_cをテストベンチとした記述

D.2.5　always文中の回路動作記述
（1）if文

構文：if（条件式）文 1 else 文 2

条件式が成立すれば文 1 を実行し，不成立であれば文 2 を実行する．付録 C.2 節の非同期リセット付 32 ビット同期レジスタの場合の記述を always 文も含めて示す．

```
always @ (posedge CLK or negedge RESET) begin
    if (!RESET) DO <= 32'h00000000;
    else        DO <= DI;
end
```

!RESET = 1 であれば，すなわち RESET = 0 であれば DO に 0 が代入され，RESET = 1 であれば

DO に DI が代入される．ここで，32'h の 32 はビット数，h は 16 進数を表す．

　信号の代入には，式の順序に影響されないノンブロッキング代入「<=」を用いる．回路には必ず遅延がある．そこでリアルに遅延時間を考慮して図 6.2 中の機能シミュレーションを実行したい場合には以下のように #数字 を挿入する．

$$DO <= \text{\#数字 } DI;$$

(2) case文

構文：case（式）

```
        値 1： 文 1;
        値 2： 文 2;
        ・・・・・・
        default： 文 ;
    endcase
```

　式 = 値 1 であれば文 1 を実行し，式 = 値 2 であれば文 2 を実行する．与えられた式に対して一致する値がない場合には default の文を実行する．付録 B.4 節の ALU の場合の記述を always 文も含めて示す．

```
        always @ (ctrl or a or b) begin
            case(ctrl)
                2'b00: c <= a + b;
                2'b01: c <= a - b;
                2'b10: c <= a & b;
                2'b11: c <= a | b;
                default: c <= 32'hxxxxxxxx;
            endcase
        end
```

　上記例で 2 ビットの信号 ctrl が 00 であれば a + b を演算し，c に代入する．ctrl が取りうる値は，00 ～ 11 の 4 通りであり，それらのすべてが case ～ endcase 内に存在するが，default 文を入れておいた方がよい．default で代入する値は何でも良い．

(3) for文

構文：for（変数初期化 ; 継続条件 ; 変数更新）

　継続条件を満たしている限り，変数を更新しながら文の実行を繰り返す．付録 C.4 節に示す 32 ビット× 32 ワードのレジスタ・ファイルのメモリコアをリセットする場合，次の記述になる．

```
for (in=0;i<32;i=i+1)
    memcore[i] <= 32'h00000000;
```

i = 0 から始まり，i を 1 ずつ増加させながら i = 31 になるまで memcore[i] をリセットする．i = 32 になると i<32 という継続条件に反するので for 文を終了する．i は入力や出力の信号ではなく単なる整数であるので，i を integer 宣言しておく必要がある．

D.3　HDL 記述検証方法

第 6 章の HDL 記述回路を検証するには，HDL シミュレータが必要である．本書では Verilog HDL シミュレータとして Icarus Verilog を例に説明する．シミュレーションは Windows のコマンドプロンプトで実施する．

D.3.1　Icarus Verilogダウンロード

Icarus Verilog サイトで，適切と思われる *_setup.exe をダウンロードする．

*_setup.exe を実行し，適切なフォルダ名を入力してセットアップを続行すると，そのフォルダを自動的に作成し，そこにシミュレータ関連のファイルが展開される．セットアップ中にユーザ環境変数の PATH に Icarus Verilog を追加するか問われる version の場合，☑を入れておくと，コマンドプロンプトで使うコマンド：iverilog, vvp, gtkwaveを入力するだけで実行することができる．

D.3.2　ファイル拡張子の表示

エクスプローラーのフォルダオプションの表示タブで「登録されている拡張子は表示しない」のチェックを外して，すべての拡張子を表示するように設定する．回路やテストベンチの HDL 記述ファイルの拡張子は .v である．メモ帳で作成する場合，拡張子を .txt ではなく .v として「名前を付けて保存」する．

また HDL ファイル名と module 名を同一にしておくと便利である．たとえば図 6.18 の HDL 回路記述の module 名は register_4 なので，保存する HDL ファイル名を register_4.v に，図 6.20 のテストベンチの module 名は test_register_4 なので，HDL ファイル名を test_register_4.v にする．

以降，HDL ファイルは，C ドライブの cpu フォルダに保存されているとして説明する．

D.3.3　ツールの起動と検証

コマンドプロンプトを起動して cd コマンドで .v ファイルが保存されている cpu フォルダに移動する．ここで cpu フォルダは C ドライブの下にあると仮定している．

図 D.8 に上記操作を示す．起動したときのプロンプトは c:¥> であるとする（半角の ¥ はコマンドプロンプトでは \ と表示される）．C ドライブ下にある cpu フォルダに移動するため cd コマンドで，cd c:¥cpu を入力して Enter キーを押すとプロンプトが c:¥cpu> になる．

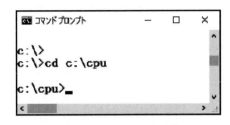

図 D.8　HDLファイル（.vファイル）が存在するフォルダへの移動

（1）iverilogコマンドの実行

図 D.9 に示すように，図 6.20 のテストベンチに対して iverilog コマンドを実行する．もし記述に間違いがあればエラーメッセージが表示される．iverilog コマンド実行後，a.out という中間ファイルが生成される．

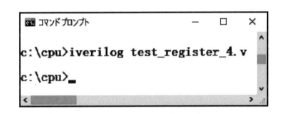

図 D.9　テストベンチに対するiverilogコマンド実行結果

（2）vvpコマンドの実行

図 D.10 に示すように，中間ファイル a.out を用いて vvp コマンドを実行する．モニタにはテストベンチの $monitor で指定した信号が出力される．vvp コマンド実行後にテストベンチの $dumpfile で定義した．vcd ファイル（register_4 の場合は）register_4.vcd が生成される．

図 D.10 において，時刻 0 で rst=0 となるので時刻 1 遅れて out=0000 になる．時刻 100 で rst=1 になり，時刻 200 で clk=0 のときに in=1111 に設定する．このとき出力 out は変わらない．時刻 300 で clk=↑となると in=1111 が取り込まれ，時刻 1 遅れて out=1111 になる．時刻 400 で clk=0, in=1010 を設定する．このとき out は変わらない．時刻 500 で clk=↑になると in=1010 が取り込まれ，時刻 1 遅れて out=1010 になる．

上記結果が，図 6.17 の 4 ビット・レジスタ・タイミングと同じになっていることを確かめることで回路検証する．

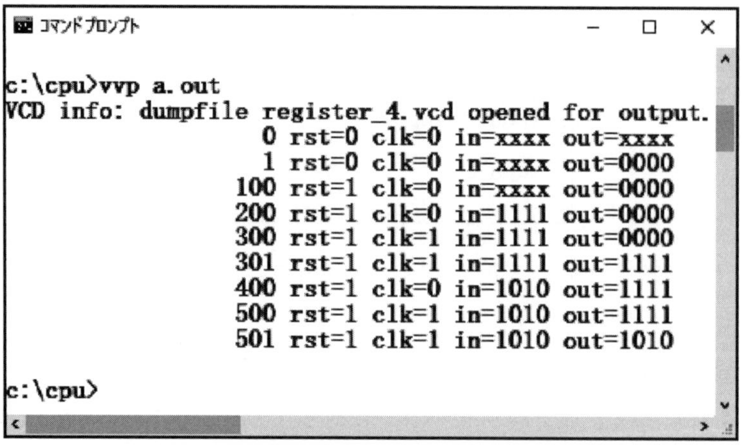

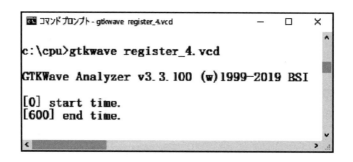

図D.10　a.outに対するvvpコマンド実行結果

（3）gtkwaveコマンドの実行

　図D.11に示すように，vvpコマンドで作成された register_4.vcd に対して gtkwave 実行する．この結果を**図D.12**に示す．

図D.11　register_4.vcdに対するgtkwaveコマンドの実行

　図D.12は図D.10の数値を波形表示したものである．図D.12の左上のウインドウ（SST）で test_register_4 の左横にある 4 つの□で構成される回路構成マークをクリックすると，その下のウインドウに test_register_4.v で指定した Type：reg（入力）と wire（出力）と Signals：信号名が表示される．
　Type/Signals ウインドウで波形表示したい信号をクリックして，下にある Append ボタンをクリックすると右側の画面：Signals と Waves に信号名と波形が表示される．図D.12 ではすべての信号を波形表示している．waves の上の From ～ To ～は，シミュレーションの開始時刻と終了時刻である．波形表示での縦線は，450sec でクリックした Marker の位置を表しており，そのときの各信号値（rst=0,clk=0, in[3:0]=1010, out[3:0]=1111）が Signals に表示されている．時刻の単位は図6.20のテストベンチで指定していないので，自動的に sec になっている．回路が正しければ，図D.12 の波形は図 6.17 の波形と同じである．

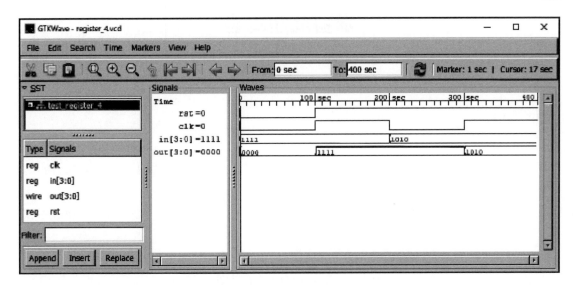

図 D.12　register_4.vcdに対するgtkwave実行結果

演習問題解答

演習問題1

1

(1) 演算命令および転送命令ともに 20[ns] で実行できる．したがって 1 クロックで 1 命令を実行できるので CPI = 1.

(2) クロック周波数 f は 20[ns] の逆数より f = 1 ÷ 20[ns] = 10^9 ÷ 20[Hz] = 1000 ÷ 20 [10^6Hz] = 50[MHz]

MIPS = クロック周波数 [MHz] ÷ CPI より，MIPS 値 = 50 ÷ 1 = 50.

(3) 演算命令の実行時間は 10[ns]，転送命令の実行時間は 20[ns] なので，演算命令実行に要するクロック数は 1，転送命令実行に要するクロック数は 2.

(4) クロック周期が 10[ns] より，演算命令に要するクロック数は 1，転送命令に要するクロック数は 2 となる．演算命令使用率 60%，転送命令使用率 40% より，CPI = 1 × 0.6 + 2 × 0.4 = 0.6 + 0.8 = 1.4

(5) クロック周波数 = 1 ÷ (10 × 10^{-9}) [Hz] = 1000 ÷ 10[10^6Hz] = 100MHz. MIPS = 周波数 [MHz]/CPI より

MIPS = 100[MHz] ÷ 1.4 = 71.428 = 71.4

(6) CPI = 1 × 0.7 + 2 × 0.3 = 0.7 + 0.6 = 1.3. MIPS = 100/CPI = 76.923 = 76.9.

(7) 前問(5)と(6)より，MIPS 値は同じ CPU であってもプログラムによって異なる．

MIPS 値がプログラムに依存しないようにするためには前問(2) のようにクロック周期を最も遅い命令に合わせれば良いが，クロック周波数が下がるため前問(2) と (5) や (2) と (6)の結果からわかるように MIPS 値は当然のことながら小さくなる．

2

(1) ビッグ・エンディアンでは最上位バイトが最下位アドレスに格納されるので，アドレス 200 から順に A9, B8, C7, D6 が格納される．アドレス 202 には C7 が入る．

(2) リトル・エンディアンでは最下位バイトが最下位アドレスに格納されるので，アドレス 200 から順に D6, C7, B8, A9 が格納される．ゆえに A9 が格納されているのはアドレス 203 である．

ビッグ・エンディアン

アドレス	データ
200	A9
201	B8
202	C7
203	D6

リトル・エンディアン

アドレス	データ
200	D6
201	C7
202	B8
203	A9

3

(1) 3A は 1 バイトデータなので，アドレス 200 に格納される．C43F は 2 バイトデータなので，整列化により最下位アドレスは 2 の倍数になる．したがってアドレス 201 を飛ばしてアドレス 202 とアドレス 203 に格納される．リトルエンディアンよりアドレス 202 に最下位バイト 3F が，アドレス 203 に最上位バイト C4 が格納される．5B2D は 2 バイトデータなので，アドレス 204 とアドレス 205 に格納される．∴アドレス 204

(2) B2 は 4 バイトデータ 79B2E0FF の最上位バイトの次のデータである．4 バイトデータは整列化のため最下位アドレスは 4 の倍数になる．したがってアドレス 206 とアドレス 207 には格納されず，アドレス 208 からリトルエンディアンで格納される．アドレス 208 には FF，アドレス 209 には E0，アドレス 210 には B2 が入る．∴アドレス 210

アドレス	データ
200	3A
201	
202	3F
203	C4
204	2D
205	5B
206	
207	
208	FF
209	E0
210	B2
211	79

演習問題 2

1

(1) R2 ← R2 + R3 = 300 + 400 = 700. ∴ R2 = 700, R3 = 400

(2) R1 ← R1 + 300 = 200 + 300 = 500. ∴ R1 = 500

(3) R3 ← R3 + アドレス 200 の値 = 400 + 600 = 1000. ∴ R3 = 1000, アドレス 200 の値 = 600

(4) (300) ← (300) + (500) = 700 + 900 = 1600. ∴アドレス 300 の値 = 1600, アドレス 500 の値 = 900

(5) R1 ← R1 + (100) = 500 + 500 = 1000. ∴ R1 = 1000, R0 = 100

(6) R2 ← R2 + (100 + 700) = 700 + (800) = 700 + 1200 = 1900. ∴ R2 = 1900, R0 = 100

2

(1) R2 レジスタと R3 レジスタの AND をとると，R2 は 16 進表示で C2020705 となる．

```
        R2 = D6531785 = 1101 0110 0101 0011 0001 0111 1000 0101
AND)    R3 = EA06CF3D = 1110 1010 0000 0110 1100 1111 0011 1101
        R2 = C2020705 = 1100 0010 0000 0010 0000 0111 0000 0101
```

(2) 10 進数の 201 を 16 進数に変換すると C9 となるので，R1 と 000000C9 の OR をとる．

```
       R1 = AC38049A = 1010 1100 0011 1000 0000 0100 1001 1010
OR)   201 = 000000C9 = 0000 0000 0000 0000 0000 0000 1100 1001
       R1 = AC3804DB = 1010 1100 0011 1000 0000 0100 1101 1011
```

（3）アドレス 200 のデータをメモリから読み出すとリトルエンディアンなので 96A21FCE となる.

$$
\begin{array}{rl}
\text{R3} = \text{EA06CF3D} = & 1110\ 1010\ 0000\ 0110\ 1100\ 1111\ 0011\ 1101 \\
\text{AND)} \quad (200) = & 1001\ 0110\ 1010\ 0010\ 0001\ 1111\ 1100\ 1110 \\
\hline
\text{R3} = \text{82020F0C} = & 1000\ 0010\ 0000\ 0010\ 0000\ 1111\ 0000\ 1100
\end{array}
$$

（4）R0 = CC を 10 進数に変換すると 204 よりアドレス 204 から読み出すと BC7AF8CD となる.

$$
\begin{array}{rl}
\text{R1} = \text{AC3804DB} = & 1010\ 1100\ 0011\ 1000\ 0000\ 0100\ 1101\ 1011 \\
\text{AND)} \quad (204) = & 1011\ 1100\ 0111\ 1010\ 1111\ 1000\ 1100\ 1101 \\
\hline
\text{R1} = \text{AC3800C9} = & 1010\ 1100\ 0011\ 1000\ 0000\ 0000\ 1100\ 1001
\end{array}
$$

（5）R0 + 8 = 204 + 8 = 212 よりアドレス 212 から読み出すと DEAD6BB4 となる.

$$
\begin{array}{rl}
\text{R2} = \text{C2020705} = & 1100\ 0010\ 0000\ 0010\ 0000\ 0111\ 0000\ 0101 \\
\text{OR)} \quad (212) = & 1101\ 1110\ 1010\ 1101\ 0110\ 1011\ 1011\ 0100 \\
\hline
\text{R2} = \text{DEAF6FB5} = & 1101\ 1110\ 1010\ 1111\ 0110\ 1111\ 1011\ 0101
\end{array}
$$

演習問題 3

1

（1）命令数は 60 個より，$2^5 < 60 < 2^6$ が成立するので，オペコードは最低 6 ビット必要である.

（2）レジスタ数は $16 = 2^4$ より最低 4 ビット必要である.

（3）数値領域ビット数 = 32 − オペコード − 2 つのレジスタ領域 = 32 − 6 − 8 = 18 ビット

最大値 = 01_1111_1111_1111_1111 = 10_0000_0000_0000_0000 − 1 = $2^{17} − 1$

= 131072 − 1 = 131071

最小値 = 10_0000_0000_0000_0000 = $−2^{17}$ = −131072

2

（1）Rdest, s0, Rsrc, ALU, s2, s3, Rdest

（2）Rsrc, disp6 符号拡張, s0, ALU, Rdest, データ・メモリ, s3, Rdest

（3）imm9 符号拡張, s1, s2, s3, Rdest

（4）Rsrc, s1, s2, s3, Rdest

（5）Rsrc disp6 符号拡張, s0, ALU, Rdest, データ・メモリ

（6）Rdest, Rsrc, EXOR, NOR, AND, OR, pcdisp6 符号拡張, 加算器 2, s4, s5

（7）連接, s4, s5

3　解答例

　　命令は 16 ビットでアドレスはバイト単位なので，最初の命令が
アドレス 400 に格納されるとすると，2 番目の命令はアドレス
402 に格納される．すなわちアドレス 400 とアドレス 401 に最初
の命令が格納される．

　　LDI 命令でレジスタに初期値を与える．R0 は総計，R1 は 1 に固
定，R2 は初期値 1 のカウンタ，R3 は 100 まで加算したかどうか
を判定するための定数である．

　　アドレス 408 の ADD 命令で R0 に加算結果を格納する．アド
レス 410 の ADD 命令でカウンタを 1 だけ増加させる．アドレス 412
の BEQ 命令でカウンタが 101 になったかどうかを判定する．101 に満たないときはアドレス
408 に飛んで加算を行う．R2 が 100 になってアドレス 408 の ADD 命令を実行するまで繰り
返す．アドレス 410 の ADD 命令で R2 は 101 になり，BEQ 命令で条件（R2＝R3）を満たすので，
412 ＋ 4 ＝ アドレス 416 に飛んで NOP で終了する．

アドレス	命令
400	LDI R0, 0
402	LDI R1, 1
404	LDI R2, 1
406	LDI R3, 101
408	ADD R0, R2
410	ADD R2, R1
412	BEQ R2, R3, 4
414	BRA 408
416	NOP

4　dest, src, dest' は，図 3.20 の命令中のオペランドと接続される（dest' は dest と同じである）．
　Rdata は，図 3.20 の s3 と接続される．Rdest は，s0，データ・メモリ，EXOR に接続される．
　Rsrc は，ALU，s1，EXOR に接続される．書込許可信号は，命令解読器と接続される．

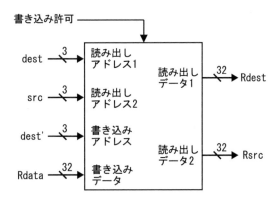

5　設問(1)以外では各信号線にビット数に応じたレジスタを挿入する．
　(1) PC に 16 ビットレジスタを使用する．
　(2) ID ステージでは，opcode：4 ビット，dest と src：3 ビット，disp6/pcdisp6：6 ビット，
　　　imm9：9 ビット，pcdrct12：12 ビット，PC：16 ビット のレジスタで各信号線を分断する．
　　　EX ステージでは，Rdest と dsp16e と Rsrc と imm16e の各信号が EX ステージに入った
　　　所に 16 ビットレジスタを挿入する．alu_in と ldi と ldir：1 ビット，alu：2 ビット のレ
　　　ジスタで各信号線を分断する．
　(3) we_m：命令解読器を出た直後とデータ・メモリに入る直前に 1 ビットレジスタを挿入す
　　　る．Rdest が EX ステージを経由してデータ・メモリに入る直前に 16 ビットレジスタを

挿入する．ALU：データ・メモリに入る直前に 16 ビットレジスタを挿入する．

(4) DM と S2 が WB ステージに入った所に 16 ビットレジスタを挿入する．ld：命令解読器 〜 s3 の間に 1 ビットレジスタを直列に 3 個挿入する．we_r：命令解読器 〜 レジスタ・ファイルの間に 1 ビットレジスタを直列に 3 個挿入する．

演習問題4

1

(1) 4 ウェイより，1 ウェイあたり 64 ブロック(256 ÷ 4)であるので，$2^6 = 64$ より 6 ビット．

(2) 一般に 1 ワード分が 1 ブロックになる．32 ビット CPU なので 1 ワード = 1 ブロック = 32 ビット．アドレスはバイト単位なので，1 ブロック = 4 バイトとなる．ブロック内アドレスは，$2^2 = 4$ より 2 ビット．

(3) タグのビット数 = 主記憶アドレス − インデックス − ブロック内アドレス = 16 − 6 − 2 = 8 ビット．

(4) 有効ビットを考慮しなければ，図 4.3 より 1 インデックスあたりのビット数は，タグとブロックのビット数の和となる．タグは 8 ビット，ブロックは 32 ビットであるので合計 40 ビット．インデックスは 64 個あるので，1 ウェイあたりのビット数は 40 × 64 = 2560 ビット．4 ウェイあるので，2560 × 4 = 10240 ビット．

(5) 主記憶アドレスは 16 ビットなので，アドレス総数 = 2^{16} = 65536．アドレスはバイト単位なので，1 アドレスあたり 8 ビット．∴ビット総数 = 65536 × 8 = 524288．

2　ブロックアドレスをタグとインデックスに分割する．キャッシュ図よりインデックスは 3 ビットなので，タグは先頭の 5 ビットとなる．ブロックアドレスのインデックスを見てキャッシュにマッピングし，タグとデータを書き込む．

インデックス	タグ	データ
000	00010	blockC
001	11110	blockH
010	01010	blockF
011	00000	blockA
100	00001	blockB
101	01000	blockE
110	10100	blockG
111	00110	blockD

ブロックアドレス		データ
00000	011	blockA
00001	100	blockB
00010	000	blockC
00110	111	blockD
01000	101	blockE
01010	010	blockF
10100	110	blockG
11110	001	blockH

3

（1）

時刻	タグ	セット0	セット1	セット2	セット3
0	8	8			
1	1		1		
2	5				
3	10				10
4	10				10
5	8	8			
6	10				10
7	9		9		
8	7			7	
9	8	8			
10	6				6
11	7			7	
12	5		5		
13	7			7	
14	10	10			
15	6				6
16	9		9		
17	6				6
18	7			7	
19	4	4			

（表題：LRU方式）

（2）入れ替えは，時刻 7, 8, 10, 12, 14, 16, 19 に起きるので 7 回．

（3）キャッシュミス率は，時刻 4 ～ 19 までの 16 回のアクセスのうち 7 回ミスするので 7/16.

（4）平均メモリアクセス時間 $= \left(\frac{7}{16}\right) \times 8 + \left(1 - \frac{7}{16}\right) \times 1 = \frac{56}{16} + \frac{9}{16} = \frac{65}{16} = 4.06$　∴ 4 クロック.

（5）キャッシュなしの場合 8 クロックなので，メモリアクセス速度は 2 倍になる．

演習問題5

1　命令長およびアドレス幅は32ビットで，アドレスはバイト単位であるのでアドレスやポインタは4の倍数になる．

　　アドレス 3000 の TRAP 命令により，EIT ベクタエントリの TRAP4 であるアドレス 00116 に飛ぶ．そのときスタックポインタは 4 だけ減算され 296 となり，アドレス 296 に TRAP 4 命令の次のアドレス 3004 が格納される．アドレス 00116 の命令はアドレス 5000 への無条件ジャンプなので，アドレス 5000 の OR 命令から実行する．スタックポインタを 1 ではなく 4 減算するのはアドレスの保存に 1 ワード（4 バイト）のデータ領域が必要で，かつアドレスがバイト単位であるためである．

　　アドレス 5400 まで来たとき TRAP 命令により，EIT ベクタエントリの TRAP3 であるアドレス 00112 に飛ぶ．そのときスタックポインタは 4 だけ減算され 292 となり，アドレス 292 に TRAP 3 命令の次のアドレス 5404 が格納される．アドレス 00112 の命令はアドレス 4000 への無条件ジャンプなので，アドレス 4000 の LD 命令から実行する．

　　アドレス 4200 まで来たとき TRAP 命令により，EIT ベクタエントリの TRAP5 であるアド

レス 00120 に飛ぶ. そのときスタックポインタは 4 だけ減算され 288 となり, アドレス 288 に TRAP 5 命令の次のアドレス 4204 が格納される. アドレス 00120 の命令はアドレス 6000 への無条件ジャンプなので, アドレス 6000 の LDI 命令から実行する.

アドレス 6300 まで来たとき RTE 命令により, スタックポインタをみてアドレス 288 のデータ 4204 を読み出してアドレス 4204 から実行する. そのときスタックポインタの値を 4 だけ増加させて 292 にする.

アドレス 4500 まで来たとき RTE 命令により, スタックポインタをみてアドレス 292 のデータ 5404 を読み出してアドレス 5404 から実行する. そのときスタックポインタの値を 4 だけ増加させて 296 にする.

アドレス 5600 まで来たとき RTE 命令により, スタックポインタをみてアドレス 296 のデータ 3004 を読み出してアドレス 3004 から実行する. そのときスタックポインタの値を 4 だけ増加させて 300 にする. これにより最初のプログラムの TRAP 4 命令の処理が終了したことになる.

スタックポインタ推移	スタック内容推移						
	メモリアドレス	実行命令 (TRAP/RTE)					
300		TRAP4	TRAP3	TRAP5	RTE	RTE	RTE
296	:	:	:	:	:	:	:
292							
288							
292	288			4204	4204	4204	4204
296	292		5404	5404	5404	5404	5404
300	296	3004	3004	3004	3004	3004	3004
	300						

2

① 最初, 割り込み優先レベル 6 のタスクが実行されていたので, I_MASK = E_MASK = 110 となっている.

② INT4 と INT7 の割り込みが入る. ICR4/REQ = ICR7/REQ = 1, ICR4/I_RANK = 101, ICR7/I_RANK = 010.

③ 現タスク, INT4, INT7 のうち INT7 が優先 → ISR/I_NUM = 0111, 外部割り込み要求 EI = 1. PSW/IE = 0 より割り込み不可へ.

④ ISR 読み出し → ISR/I_NUN 部 = 0000 にしてスタックに退避, EI = 0, ICR7/REQ = 0, I_MASK = E_MASK = 010 (= ICR7/I_RANK) にして割り込みハンドラに分岐. INT7 の割り込み処理が行われ完了すると,

⑤ スタックから ISR を復帰: ISR/I_NUM = 0000, ISR/E_MASK = 110

⑥ ISR/E_MASK の 110 → IMR/I_MASK にコピー. そして PSW 領域復帰 → PSW/IE = 1 より割り込み可能へ

⑦ 現タスク, INT4 のうち INT4 が優先 → ISR/I_NUM = 0100, 外部割り込み要求 EI = 1. PSW/

IE=0 より割り込み不可へ.

⑧ ISR 読み出し → ISR/I_NUM 部=0000 にしてスタックに退避，EI=0，ICR4/REQ=0，I_MASK=E_MASK=101（＝ICR4/I_RANK）にして割り込みハンドラ（詳細第8章）に分岐．INT4 の割り込み処理が行われ完了すると，

⑨ スタックから ISR を復帰：ISR/I_NUM=0000, ISR/E_MASK=110

⑩ ISR/E_MASK の 110 → IMR/I_MASK にコピー．そして PSW 領域復帰→ PSW/IE=1 より割り込み可能へ

番号	E I	ICR4 REQ	I_RANK			ICR7 REQ	I_RANK			IMR I_MASK			ISR I_NUM				E_MASK		
		15	2	1	0	15	2	1	0	2	1	0	15	14	13	12	2	1	0
①	0	X	x	x	x	x	x	x	x	1	1	0	0	0	0	0	1	1	0
②		1	1	0	1	1	0	1	0										
③	1												0	1	1	1			
④	0					0				0	1	0					0	1	0
⑤													0	0	0	0	1	1	0
⑥										1	1	0							
⑦	1												0	1	0	0			
⑧	0	0								1	0	1					1	0	1
⑨													0	0	0	0	1	1	0
⑩										1	1	0							

演習問題6

1

(1) Sel =1 のときに B を選択するので，if (Sel) のときに B を Out に代入する．always ブロックを begin 〜 end でくくる．

(2) case (Sel) の Sel の値により動作を場合分けする．

(3) 上記(1)の always ブロックの前に，入力ポート：Sel, A, B を input 宣言，出力ポート：Out を output 宣言する．Sel, A, B が変化しない限り Out は変化せずホールドされるので Out を reg 宣言する．

(4) 上記(2)の always ブロックの前に，上記(3)と同様に input 宣言，output 宣言および reg 宣言をする．

2

(1) セレクタとの主な違いは，always ブロックの動作記述である．

(2) 8種類の演算を行うので演算選択信号 ctrl は 3 ビット（000 〜 111）となる．

1.（1）

```
always @(Sel or A or B) begin
    if(Sel) Out <= B;
    else    Out <= A;
end
```

1.（2）

```
always @(Sel or A or B) begin
    case(Sel)
        1'b0: Out <= A;
        1'b1: Out <= B;
        default: Out <= 32'hxxxxxxxx;
    endcase
end
```

1.（3）

```
module selector_if (Sel,A,B,Out);
    input        Sel;
    input [31:0] A,B;
    output [31:0] Out;
    reg [31:0]    Out;
    always @(Sel or A or B) begin
        if(Sel)  Out <= B;
        else     Out <= A;
    end
endmodule
```

1.（4）

```
module selector_if (Sel,A,B,Out);
    input        Sel;
    input [31:0] A,B;
    output [31:0] Out;
    reg [31:0]    Out;
    always @(Sel or A or B) begin
        case(Sel)
            1'b0: Out <= A;
            1'b1: Out <= B;
            default: Out <= 32'hxxxxxxxx;
        endcase
    end
endmodule
```

2.（1）

```
module ALU (ctrl, a, b, out);
    input [1:0]  ctrl;
    input [31:0] a,b;
    output [31:0] out;
    reg [31:0]    out;
    always @(ctrl or a or b) begin
        case(ctrl)
            2'b00: out <= a + b;
            2'b01: out <= a - b;
            2'b10: out <= a & b;
            2'b11: out <= a | b;
            default: out <= 32'hxxxxxxxx;
        endcase
    end
endmodule
```

2.（2）

```
module ALU (ctrl, a, b, out);
    input [2:0]  ctrl;
    input [31:0] a,b;
    output [31:0] out;
    reg [31:0]    out;
    always @(ctrl or a or b) begin
        case(ctrl)
            3'b000: out <= a + b;
            3'b001: out <= a - b;
            3'b010: out <= a & b;
            3'b011: out <= a | b;
            3'b100: out <= ~a;
            3'b101: out <= a ^ b;
            3'b110: out <= a << b;
            3'b111: out <= a >> b;
            default: out <= 32'hxxxxxxxx;
        endcase
    end
endmodule
```

3 CLK=Lのときにマスター部でアドレスを受け付け，CLK=Hのときに回路内に取り込まれてワード線が立ち上がるので，図C.12の回路はCLKが立ち上がりのときに動作する．またa=000のときword[0]が1で他は0となるので，word=00000001となる．

4

(1) 1ワードが32ビットなので，ビット幅[31:0]としてreg宣言される．ワード数は0～255なので，wordcell[0:255]となる．

(2) !rstはrstの否定なので，rst=0のとき!rstは真(1)となる．if(!rst)はrst=0ならばif文が実行されることを示す．32ビットのwordcell[i]をi=0～255まで0にするのでfor文で繰り返す．for文の繰り返し動作は2行以上なので，begin～endで括る．なお，iは信号名ではなく正整数なので，integer宣言しておかなければならない．

(3) WE=1ならば書き込むので，if(WE)を用いる．外部から与えられたアドレス信号ADRSに対応するワードwordcell[ADRS]にDinを書き込むことになる．

(4) WE=0ならば読み出すので，if(WE)～else・・・・として，・・・・部分に読み出し動作を記述する．

(5) 前問(1)，(2)，(4)を1つにまとめる．

3.

```
module adrs_dec (CLK, a, word);
  input        CLK;
  input [2:0]  a;
  output [7:0]  word;
  reg [7:0]  word;
  always @(posedge CLK) begin
    case(a)
      3'b000: word <= 8'b00000001;
      3'b001: word <= 8'b00000010;
      3'b010: word <= 8'b00000100;
      3'b011: word <= 8'b00001000;
      3'b100: word <= 8'b00010000;
      3'b101: word <= 8'b00100000;
      3'b110: word <= 8'b01000000;
      3'b111: word <= 8'b10000000;
      default: word <= 8'hxx;
    endcase
  end
endmodule
```

4.(1)
```
reg [31:0] wordcell[0:255];
```

4.(2)
```
integer i;

if(!rst) begin
  for (i=0; i<256; i=i+1)
    wordcell[i] <= 32'h00000000;
end
```

4.(3)
```
if(WE) wordcell[ADRS] <= Din;
```

4.(4)
```
if(WE) wordcell[ADRS] <= Din;
else Dout <= wordcell[ADRS];
```

4.(5)
```
reg [31:0] wordcell[0:255];
integer i;

if(!rst) begin
  for (i=0; i<256; i=i+1)
    wordcell[i] <= 32'h00000000;
end else if(WE) wordcell[ADRS] <= Din;
else Dout <= wordcell[ADRS];
```

4

(6) CLK の立上がりと rst の立下り時に回路が動作するので，always 文のイベントリストは posedge CLK or negedge rst となる．always 文は複数行にわたるので，begin 〜 end でくくる．

(7) 前問(6)に input, output 宣言を加え，module 〜 endmodule でくくる．

5 入力に clk を追加し，always 文のイベントリストを @(posedge clk) に変更することですべての回路動作を clk に支配させる．

4. (6)

```
reg [31:0] wordcell[0:255];
integer i;
always @(posedge CLK or negedge rst) begin
  if(!rst) begin
    for (i=0; i<256; i=i+1)
      wordcell[i] <= 32'h00000000;
  end else if(WE) wordcell[ADRS] <= Din;
  else Dout <= wordcell[ADRS];
end
```

4. (7)

```
module sram (rst, CLK, WE, ADRS, Din, Dout);
  input       rst, CLK, WE;
  input [7:0]  ADRS;
  input [31:0] Din;
  output [31:0] Dout;
  reg [31:0] wordcell[0:255], Dout;
  integer i;
  always @(posedge CLK or negedge rst) begin
    if(!rst) begin
      for (i=0; i<256; i=i+1)
        wordcell[i] <= 32'h00000000;
    end else if(WE) wordcell[ADRS] <= Din;
    else Dout <= wordcell[ADRS];
  end
endmodule
```

5.

```
module alu (clk, alucnt, a, b, c);
  input [15:0]  a, b;
  input [1:0]   alucnt;
  input         clk;
  output [15:0] c;
  reg [15:0]    c;
  always @ (posedge clk) begin
    case(alucnt)
      2'b00: c <= a + b;
      2'b01: c <= a - b;
      2'b10: c <= a & b;
      2'b11: c <= a | b;
      default: c <= 16'hxxxx;
    endcase
  end
endmodule
```

6

(1) 非同期リセット付同期回路は，イベントリストを posedge clk or negedge rst として assign 文も含めて always 文の中にすべて記述する．

(2) always 文を always @(posedge clk) に変更する．これにより rst も clk の支配下に入る．

(3) 書き込みブロック内をブロッキング代入文にする．

6. (1)

```
module reg_file (rst, clk, we, ra1, ra2, wadr, wdata, rd1, rd2);
    input [15:0]  wdata;
    input [2:0]   ra1, ra2, wadr;
    input         rst, clk, we;
    output [15:0] rd1, rd2;
    reg [15:0]    mem[7:0], rd1, rd2;
    integer i;
        always @ (posedge clk or negedge rst) begin
            if(!rst) begin                    // reset
                for(i=0;i<8;i=i+1)
                    mem[i] <= 16'h0000;
            end else if(we) begin
                mem[wadr] <= wdata;    // write
                rd1 <= mem[ra1];        // read
                rd2 <= mem[ra2];        // read
            end else begin
                rd1 <= mem[ra1];        // read
                rd2 <= mem[ra2];        // read
            end
        end
endmodule
```

6. (3)

```
module reg_file (rst, clk, we, ra1, ra2, wadr, wdata, rd1, rd2);
    input         rst, clk, we;
    input [2:0]   ra1, ra2, wadr;
    input [15:0]  wdata;
    output [15:0] rd1, rd2;
    reg [15:0]    mem[7:0], rd1, rd2;
    integer i;
        always @ (posedge clk or negedge rst) begin
            if(!rst) begin                    // reset
                for(i=0;i<8;i=i+1)
                    mem[i] <= 16'h0000;
            end else if(we) begin
                mem[wadr] = wdata;    // write
                rd1 = mem[ra1];        // write -> read
                rd2 = mem[ra2];        // write -> read
            end else begin
                rd1 <= mem[ra1];        // read
                rd2 <= mem[ra2];        // read
            end
        end
endmodule
```

演習問題7

1 解答例

　プロセッサに割り込み処理の機能が備わっていなかった場合，プログラムはプログラム中の命令列で指定された命令順でしか実行されない．その結果，プロセッサの外からプログラムの実行の流れを変更する手段がなくなり，入出力装置のようにプロセッサ外部から処理を要求する装置を制御するプログラムの記述が複雑で非効率になる．すなわち，割り込み処理機能がないのでプログラム自身が入出力装置からの処理要求の有無をチェックして，要求があればその処理をするプログラムに分岐する必要がある．いつ要求があるかわからないので，要求の有無のチェックは定期的に行う必要があり，プログラムの中にそのチェックを忘れずに挿入しなければならず，プログラムの記述が複雑になる．また，処理要求の有無をチェックしても，要求がなければ処理プログラムに分岐する必要はない．その場合，要求の有無をチェックする処理時間は無駄になってしまう．

2 解答例

　図 7.2（b）のように，分岐命令 m の実行中に割り込み要求が発生した場合について考える．分岐命令 m の実行終了時に，次実行命令のアドレスは分岐先アドレス n に確定する．したがって，割り込み要求の発生によって割り込みハンドラの先頭アドレス eh に分岐してからコンテキスト情報としてセーブされる再開アドレスは，このアドレス n になる．

　さらに，分岐命令 m が条件分岐命令で，その命令の実行中に割り込み要求が発生した場合についても考えてみる．この場合，条件分岐命令 m の実行終了時の次実行命令のアドレスは，分岐条件が成立した場合には分岐先アドレス n，分岐条件が成立しなかった場合には次アドレスの m+1 になる．したがって，コンテキスト情報としてセーブされる再開アドレスは，分岐条件が成立した場合にはアドレス n，分岐条件が成立しなかった場合にはアドレス m+1 になる．

3 解答例

　RTE 命令の代わりに分岐命令を使って再開アドレスに分岐すると，IE ビットの値が 0 のまま，すなわち割り込み受付禁止状態のままで中断されていたプログラムが再開されることになる．その場合，多重に割り込み要求が発生していた場合でも，後から発生した割り込み要求は無視されたままになってしまい，正しい割り込み処理が行えない．

4 解答例

　割り込み要求の取りこぼしを避けるためである．割り込み要求の処理ではまず割り込みハンドラが割り込み受付禁止で実行され，必要最小限の処理ができるだけ短い時間で実行される．その後，割り込みハンドラからタスクに移り，そのタスクで残りの複雑な割り込み処理が実行されるが，このときにタスクも割り込み受付禁止状態で実行されると，後から発生した割り込み要求を取りこぼす可能性が高くなってしまう．それを避けるために，タスクは基本的に割り込み受付許可で実行されなければならない．

5 解答例

　　タスクG，Aが待ち状態に遷移し，タスクRが待ち状態から実行可能状態に遷移した時点で実行状態にあるのはタスクC．またタスクCが待ち状態に遷移すると，次に実行状態になるのはタスクR．

6 解答例

　　OSの制御下では，割り込みハンドラの実行中にiwup_tskのコールなどによって他のタスクの状態遷移が起きて，実行中の自タスクより優先度が高い他のタスクが実行可能状態になる可能性がある．そのため，割り込みハンドラの実行終了時にもともと実行中だった自タスクの実行を単純に再開することは許されず，その時点で最も優先度が高くて実行可能なタスクを選んで実行再開する必要がある．したがって，単なるRTE命令の実行では不十分で，専用のサービスコールret_intをコールして割り込みハンドラを終了する必要がある．

7

（1）各TCBの上に隣のTCBポインタが指す数字を記入するとわかりやすい．結果，① =42，② =38，③ =55，④ =17

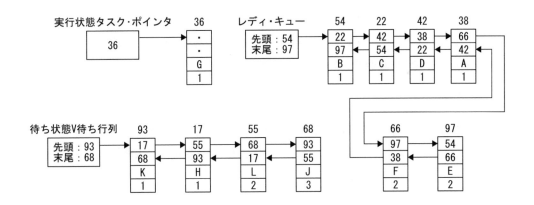

（2）実行状態になるのはタスクBなので，実行状態タスクポインタの値は54となる．

（3）タスクGは第1優先なので，タスクHとタスクLの間に入る．

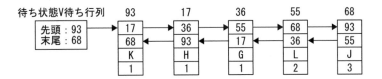

参考文献

［第1章］

（1）　飯塚肇「改訂 電子計算機Ⅱ」コロナ社（1999年）

［第2章］

（1）　「M32Rファミリ CPU命令セット ユーザーズマニュアル」三菱電機（1996年）

（2）　ヘネシー＆パターソン「コンピュータ・アーキテクチャ」日経BP（1992年）

［第3章］

（1）　「M32Rファミリ CPU命令セット ユーザーズマニュアル」三菱電機（1996年）

（2）　パターソン＆ヘネシー「コンピュータの構成と設計 第2版 上/下」日経BP（1999年）

［第4章］

（1）　ヘネシー＆パターソン「コンピュータ・アーキテクチャ」日経BP（1992年）

（2）　パターソン＆ヘネシー「コンピュータの構成と設計 第2版 上/下」日経BP（1999年）

（3）　飯塚肇「改訂 電子計算機Ⅱ」コロナ社（1999年）

［第5章］

（1）　「M32Rファミリ M32R/D（M32000D3FP）ユーザーズマニュアル」三菱電機（1996年）

（2）　「M32102グループ ユーザーズマニュアル Ver.0.90」三菱電機（2000年）

［第6章］

（1）　パターソン＆ヘネシー「コンピュータの構成と設計 第2版 上/下」日経BP（1999年）

（2）　深山正幸，北川章夫，秋田純一，鈴木政國「HDLによるVLSI設計 第2版」共立出版（2002年）

［第7章］

（1）　「μITRON4.0仕様」（社）トロン協会（1999年）

［付録］

（1）　岩出秀平「明快解説・箇条書式 ディジタル回路 第3版」ムイスリ出版（2018年）

（2）　パターソン＆ヘネシー「コンピュータの構成と設計 第2版 上/下」日経BP（1999年）

（3）　飯塚肇「改訂 電子計算機Ⅱ」コロナ社（1999年）

索 引

著者紹介

岩出 秀平 （イワデ シュウヘイ）

1976年	大阪大学理学部物理学科卒業
1978年	大阪大学大学院理学研究科博士前期課程修了
同 年	三菱電機株式会社入社
1982年	理学博士
2003年	大阪工業大学情報科学部 教授
2017年	大阪学院大学情報学部 教授

清水 徹 （シミズ トオル）

1981年	東京大学理学部情報科学科卒業
1986年	東京大学大学院理学系研究科博士課程修了，理学博士
同 年	三菱電機株式会社入社
2003年	株式会社ルネサステクノロジ転籍
2007年	株式会社ルネサステクノロジ・マイコン技術開発統括部統括部長
2012年	ルネサスエレクトロニクス株式会社 プラットフォームインテグレーション統括部統括部長
2014年	慶應義塾大学大学院理工学研究科 特任教授
2018年	東洋大学情報連携学部 教授

2009年 5月 8日	初 版	第1刷発行
2012年 3月24日	第2版	第1刷発行
2020年 3月26日	第2版	第3刷発行
2021年 3月12日	第3版	第1刷発行

実用プロセッサ技術 [第3版]

著 者　岩出秀平／清水 徹　©2021
発行者　橋本豪夫
発行所　ムイスリ出版株式会社

〒169-0073
東京都新宿区百人町1-12-18
Tel.(03)3362-9241(代表) Fax.(03)3362-9145 振替00110-2-102907

カット：MASH　　　　　　ISBN978-4-89641-296-3 C3055